U0197642

低渗透油藏蓄能增渗机理研究

郭　肖　高振东　党海龙　著

科学出版社

北京

内 容 简 介

本书主要阐述低渗透油藏蓄能增渗机理，重点开展低渗透油藏蓄能增渗水驱实验、蓄能增渗平板实验、蓄能增渗微观渗流机理、底水油藏注采模拟平板实验、低渗透油藏蓄能增渗数值模拟，以及水平井开采参数优化等研究。

本书可供石油工程、油气田开发、渗流力学等领域的科研人员、工程技术人员、高校师生以及石油行业的管理者参考使用。

图书在版编目（CIP）数据

低渗透油藏蓄能增渗机理研究 / 郭肖，高振东，党海龙著. -- 北京：科学出版社，2025.1. -- ISBN 978-7-03-080857-8

Ⅰ. TE312；TE357

中国国家版本馆 CIP 数据核字第 2024KS2012 号

责任编辑：罗　莉 / 责任校对：彭　映
责任印制：罗　科 / 封面设计：墨创文化

科学出版社 出版
北京东黄城根北街 16 号
邮政编码：100717
http://www.sciencep.com

成都锦瑞印刷有限责任公司印刷
科学出版社发行　各地新华书店经销

*

2025 年 1 月第 一 版　　开本：B5（720 × 1000）
2025 年 1 月第一次印刷　　印张：12 1/2
字数：252 000

定价：198.00 元
（如有印装质量问题，我社负责调换）

前　　言

低渗特低渗油藏在我国已发现和开发的油藏中占有相当大的比例，典型的如鄂尔多斯盆地低渗特低渗油藏。低渗特低渗油藏素有"井井有油，井井不流""磨刀石上采油"的说法。该类油藏储层物性差、地质条件和渗流机理复杂，因此其具有单井控制储量低、产量低、产量下降快、稳产状况差、采收率低等特征。

目前，以渗吸为基础的蓄能增渗有可能成为低渗特低渗油藏有效开发的重要手段。蓄能增渗技术是将注水吞吐、异步注采、油水井互换、闷井渗吸等多种渗吸采油开发方式组合应用，通过大液量、快速、高效注水的方式，使地层能量得到及时补充，局部蓄能增压，提高储层渗流能力，增加渗吸置换作用。

本书主要阐述低渗透油藏蓄能增渗机理，共分为 7 章。第 1 章为绪论，主要介绍国内外研究现状；第 2 章为低渗透油藏蓄能增渗水驱实验研究，主要包括不同注入速度、不同注水方式、不同注入参数等蓄能增渗水驱实验；第 3 章为低渗透油藏蓄能增渗平板实验，主要包括实验相似准则，不同含油饱和度、不同注入量、不同闷井时间、不同采液压力等条件下的蓄能增渗平板实验，以及单轮次蓄能增渗方式平板实验；第 4 章为低渗透油藏蓄能增渗微观渗流机理；第 5 章为底水油藏注采模拟平板实验，主要包括不同井网类型、不同射孔高度、不同隔夹层大小、不同韵律、不同注入速度、不同采液压力等条件下底水油藏平板实验；第 6 章为低渗透油藏蓄能增渗数值模拟研究，主要包括蓄能增渗工艺参数优化和水平井蓄能增渗关键参数优化；第 7 章为低渗特低渗油藏水平井开采参数优化研究，主要包括水平井注水注气平板模型模拟、CO_2 吞吐提高采收率以及水/直联合井网注水开发井网参数优化研究。

本书部分研究内容受国家自然科学基金面上项目（编号：52474046）资助。

本书能为油气田开发研究人员、油藏工程师以及油气田开发管理人员提供参考，同时也可作为大专院校相关专业师生的参考书。限于编者的水平，本书难免存在不足之处，恳请同行专家和读者批评指正，以便今后不断对其进行完善。

目　　录

第1章 绪　　论

低渗特低渗油藏在我国已发现和开发的油藏中占有相当大的比例，典型的如鄂尔多斯盆地低渗特低渗油藏。该类油藏储层物性差、地质条件和渗流机理复杂，单井控制储量低、产量低、产量下降快、稳产状况差、采收率低。

低渗特低渗油藏在开采过程中难以建立有效的驱替系统，导致采收率低。实现这类油藏的经济高效开发是业界公认的世界性难题。低渗透油藏开采方法主要包括注水开发、气驱采油、压裂技术、微生物采油、蓄能增渗采油等，其中蓄能增渗有望成为低渗透油藏有效开发的重要措施。

1.1　蓄能增渗开发研究现状

2014 年，Dutta 等[1]采用计算机断层扫描（computed tomography，CT）技术，监测向岩心注入流体时岩心内部的流体分布状况。结果表明：在闷井过程中，储层基质与注入流体发生了渗吸作用，使基质内原油被置换出，基质含水饱和度增加；此外，反排时的含水饱和度与关井时一致，在闷井结束后，束缚水很难流动。

2015 年，Wang 和 Leung[2]针对储层水力压裂过程采用数值模拟手段进行了研究，分析了不同储层条件下压裂的现象，结果发现：在闷井期间注入流体通过渗吸作用进入储层基质，增加了基质的含水饱和度，次生裂缝的分布及性质、基质的渗透率、流体注入速度及闷井时间对渗吸作用有显著影响。

2015 年，张红妮和陈井亭[3]针对低渗透油藏蓄能压裂进行了研究，以吉林油田外围井区为例，通过室内裂缝模拟及现场试验，对裂缝参数、注采参数以及闷井时间进行了优化。

2016 年，Ghanbari 和 Dehghanpour[4]采用数值模拟手段对水力压裂进行了研究，研究表明，闷井过程中压裂水的逆流吸附可以在裂缝中置换出部分页岩气，闷井后开发初期产量主要取决于储层特征与闷井时间。

2017 年，尚世龙[5]通过数值模拟手段，模拟了压裂注入、压后关井及生产过程，分析了不同地质和工艺参数对产能的影响，并对压后关井时间、支撑剂沉降与回流等问题进行了深入研究。研究结果表明，压裂液注入量、裂缝导流能力、储层润湿性及毛管力等因素对压后产能有显著影响。关井时间的延长会导致开井后初期产油量增加，但累计产油量下降。

2020 年，苏幽雅等[6]针对定边地区致密储层开展了蓄能压裂开发，现场应用效果表明，蓄能式体积压裂技术显著提高了致密油的初期产能。彭 b、姚 c 两口井压后试采产量分别为 4.5t 和 6.0t，是同区块直井常规压裂投产产量的 3～5 倍。闷井时间对产能有显著影响，较长的闷井时间有助于开井后前期日产油量的提升，但累计产油量并非随闷井时间而线性增加。因此，确定合理的关井时间对于压后排液和产油量至关重要。

2021 年，段美恒[7]针对低渗透油藏研究了蓄能压裂技术，对 6 口井进行了不同蓄能方式、不同压裂参数的对比实验，根据实验结果进行了压裂参数的确定，采用双层自蓄能配合压裂规模优化能够有效提高单井产量，降低成本。

2022 年，易勇刚等[8]研究了在玛湖凹陷砾岩油藏中应用 CO_2 前置蓄能压裂技术的效果及其作用机制，结果表明：CO_2 水溶液对玛湖凹陷主力产油层岩心中的碳酸盐岩具有较强的溶蚀作用，其置换原油的效果优于纯 CO_2 或水。CO_2 水溶液通过物理和化学作用（溶蚀矿物、增加孔隙度和渗透率）提高了置换原油的效率，7 天的置换率达到 40.96%。此外，CO_2 水溶液对提高储层物性有显著效果。

2022 年，樊兆颖[9]研究了在某油田致密油储层区块水平井中应用蓄能体积压裂工艺技术的现场试验情况及其效果。结果表明，体积压裂改造工艺结合带压作业工艺，配合小簇间距和蓄能设计方法，能有效提高致密油区块水平井单井产量，改善开采效果。

通过分析国内外研究成果发现，低渗透油藏蓄能开发过程中，主要是通过低渗透储层闷井过程中高毛管力的渗吸作用，实现油水置换以提高产量。国内外学者主要通过数值模拟手段对闷井阶段的闷井时间、闷井效果等开展研究并进行现场应用，但对于蓄能增渗整体研究较少，对于蓄能增渗注入阶段及闷井后开发阶段工艺参数研究较少。

1.2 特低渗油藏岩心实验研究现状

目前高速水驱所带来的影响比较模糊，低渗透油藏的储层物性、矿物敏感性及注水速度对高速注水开发的注入能力、压力变化及提采效果的机理及影响规律尚不明确。国内外学者针对低渗岩心注水影响因素已开展了大量的研究。

1995 年，Laribi 等[10]研究了垂直于层状结构的两相流在异质正交层状系统中的计算，介绍了在垂直层状系统中两相流的实验和理论结果，特别是流动垂直于层状结构的情况。

2010 年，王瑞飞等[11]选取鄂尔多斯盆地延长组典型岩心进行水驱油实验，结果表明，可动油饱和度是影响驱油效率的主要参数，特低渗砂岩油藏水驱后还有很大的挖掘潜力。

2011 年，高辉等[12]针对鄂尔多斯盆地砂岩油藏进行了驱替实验研究。实验结果表明，特低渗透储层在油水两相流动方面存在显著差异，这导致了较大的流动阻力，进而影响了驱油效率。为优化水驱的过程并提升效率，应采取措施来尽可能减少油水之间的渗流差异。

2017 年，李滔等[13]利用储层真实砂岩岩心构建了微观渗流模型，开展了油水两相驱替的实验研究。他们结合毛管力曲线分析，揭示了砂岩孔隙结构对水驱效率的影响。研究结果表明，砂岩的孔隙结构与驱油效率之间存在正相关关系，即孔隙结构越好，水驱的效率越高。

2017 年，Kim 和 Lee[14]采用砂岩样品进行岩心驱替实验，对低盐度水驱中黏土类型和含量引起的相对渗透率变化进行了研究。使用 JBN（Johnson，Bossler，Naumann）方法从实验中测量了相对渗透率曲线。从结果来看，移动范围减小的相对渗透率曲线与高岭石的黏土含量成正比。

2017 年，王伟等[15]开展了 CO_2 与原油的相态实验以及岩心驱替实验，研究了 CO_2 非混相驱油技术提高油田采收率的机理。均质岩心驱替实验结果表明，与水驱相比，CO_2 非混相驱技术能够有效提升驱油效率，具体表现为，在原有水驱基础上增加了 23.25%的采收率。

2018 年，Alhuraishawy 等[16]采用低盐度水驱实验研究了注入水的盐度和老化时间对提高低渗透砂岩储层采收率能力的影响。结果表明，较低浓度盐水采收率较高，低盐度水驱通过释放沙粒和一些细小矿物质导致流道变窄，从而重新分配了流道。因此，低盐度水驱可以创造新的流线，并提高采收率。

2018 年，杨富祥等[17]针对大庆油田的低渗透扶余油层岩心进行了水驱实验。实验发现，在低渗透储层中，原油流动受到油水界面流体作用的影响，存在一个启动压力。这个启动压力与储层的渗透率呈现出相同的变化趋势。这个现象表明，低渗透岩心的最佳注入速度相对于中高渗透岩心来说较低。

2020 年，陈涛平等[18]以大庆外围 YS 油田的特低渗透油层为背景在室内分别选用 30cm 长的低渗透、特低渗透天然岩心，各进行了 5 种不同驱替方案的实验研究，确定了 CO_2-N_2 复合驱中 CO_2 合理段塞尺寸及驱油效果，验证了数值模拟计算的可靠性。

2022 年，Li 等[19]通过岩心驱替实验和核磁共振实验定量确定了砂岩储层的水敏性，岩心样品的渗透率和孔隙度随着水敏/锁水破坏的发生而显著降低。

2022 年，Kozhevnikov 等[20]进行了可变速率岩心驱替实验，在恒定的围压下以循环流速进行流体注入，结果表明多孔介质渗透率显著降低，在整个注入过程中渗透率变化与有效应力无关，存在明显的渗透率滞后现象。

2023 年，鲁明晶等[21]通过开展室内长岩心高速注水实验，探究不同储层物性及敏感性对采出程度和压力传导的影响。结果表明：岩心渗透率越低，高速注水效果越明显，低渗岩心注入端压差是高渗岩心的 8.5 倍，采出程度低渗岩心是高渗岩心 1.04 倍。

国内外学者针对特低渗油藏进行的水驱油研究表明，特低渗油藏最佳注入速度的确定以及注水方式对水驱油效率有极大影响，有必要对特低渗油藏真实岩心水驱油最佳注入速度进行深入研究。

1.3 微观渗流机理研究现状

在油气资源开采过程中，多孔介质中的两相微观流动对提高油田的开发效率和研究流体力学至关重要。为了深入探究这一现象，研究人员主要采用了两种研究手段：实验和数值模拟。

2015 年，吴聃等[22]通过毛细管模型研究了微观剩余油的形成过程，并构建了玻璃刻蚀模型进行微观水驱实验，研究微观水驱过程中的渗流机制。根据微观水驱后剩余油的分布特征，建立了一套定量的剩余油微观判识分类标准，将剩余油划分为五种主要类型：滴状、柱状、油膜型、分枝状和连片型。

2016 年，秦梓钧等[23]为研究气液两相流在特定条件下的流动特性，设计了一套在 30°向上倾斜管道中的实验方案。他们进行了实验观察并绘制了相应的流型图。为验证数值模拟在气液两相流研究中的适用性，运用 COMSOL Multiphysics 软件进行了数值模拟，模拟了在相同条件下气液两相流在不同时间点的体积分数分布。通过对比实验数据和数值模拟结果，秦梓钧等发现 COMSOL Multiphysics 软件在模拟向上倾斜管道中气液两相流流型方面表现出较高的准确性和可信度。这一发现表明，数值模拟可以作为一种有效的工具，用于分析和预测气液两相流的流型。

2016 年，高亚军等[24]为深入探究流体在微观尺度上的两相渗流特性和驱油机制，引入水平集算法，并结合纳维-斯托克斯（Navier-Stokes）方程构建了描述两相流动的微观渗流数学模型。随后，他们采用有限元方法对这些方程进行了数值求解。为了验证数值模拟的准确性，高亚军等又进行了微观玻璃刻蚀模型的驱替实验。通过将实验结果与数值模拟的结果进行对比，证实了数值模拟方法在模拟微观两相渗流和驱油效果方面的有效性和可靠性，为流体微观两相渗流的研究提供了一种新方法。

2017 年，赵习森等[25]针对鄂尔多斯盆地从孔隙组合类型的角度出发，通过真实砂岩水驱等实验手段标定了不同孔隙组合类型下的主流喉道半径以及可动流体饱和度的大小，明确了不同孔隙组合类型的驱替类型及残余油的赋存状态。

2017 年，Ren 等[26]针对鄂尔多斯盆地采用铸体薄片核磁共振等手段将水驱特征的渗流路径划分为均质渗流、网状-均质渗流、指状-网状渗流和指状渗流 4 种类型，其水驱效率依次降低。剩余油 70% 以上以绕流渗流和油膜形式存在。

2019 年，Fang 等[27]针对非均质低渗透油藏，通过光刻玻璃微观驱替实验研究不同驱油介质的驱替效率，结果表明，在模型渗透率相同的条件下，聚合物表面活性剂驱的驱替效率最好，其次是聚合物表面活性剂二元驱。

2019 年，Wu 等[28]针对低渗透油藏利用扫描电子显微镜（SEM）、微型计算机（MICP）、核磁共振波谱（NMR）和 X 射线实验对几种低渗透多孔介质孔隙空间的几何和拓扑特性进行了表征，提出了一种受新孔形因子约束的二维图像孔径计算方法，使用该方法可以更有效地对比多孔介质孔隙的孔径分布。

2022 年，Ren 等[29]针对低渗砂岩采用铸体薄片分析、扫描电子显微镜（扫描电镜）、微观驱替等方法研究了不同孔隙结构对驱替效率的影响，结果显示：孔喉尺寸越小，驱替效率越低，随注入水体倍数的增加，驱替效率增长不大。

2023 年，Wang 等[30]针对低渗透油藏，采用纳米流体结合储层微观模型驱替实验，研究油水分布及运移特征。研究结果发现，纳米流体将剩余油分割为小油滴形式，并通过多孔介质中的高毛管力特征将其置换。此外，纳米流体形成的高强度界面膜抑制了油滴的聚集，提高了孔隙内原油的流动能力。

2023 年 2 月，刘薇薇等[31]采用了 CT 扫描与常规驱替实验相结合的方法，对比分析了不同驱替阶段微观剩余油的分布情况及其影响因素。结果显示，在水驱阶段，原油的动用效果主要受到微观孔隙结构的影响。在连通性较好的大孔道中，微观剩余油更容易被水驱排出。相反，在连通性较差的小孔道中，油滴主要沿边缘发生小幅度减薄。在聚合物-表面活性剂复合驱油之后再继续进行水驱时，微观孔喉分布的非均质性成为影响驱替效果的关键因素。在微观非均质性较强的低渗透和高渗透岩心中，效果更为显著。

2023 年 5 月，赵乐坤等[32]采用微观渗流模拟，通过构建不同孔喉特征的微观刻蚀玻璃模型，开展了 CO_2 混相与非混相驱及气驱后水驱微观可视化驱替实验，明确了不同驱替方式、不同驱替阶段和不同孔喉特征下 CO_2 的赋存特征。结果表明，CO_2 赋存特征受驱替方式、驱替阶段和孔喉特征的共同影响，在 CO_2 驱阶段，CO_2 赋存特征主要受驱替方式影响，其次是孔喉特征影响。

2023 年 5 月，Wei 等[33]针对特低渗油藏，基于核磁共振方法构建了不同的"孔隙度-渗透率-原始含油饱和度"耦合评价体系，开展了不同注水阶段的油水分布特征研究，揭示了剩余油的分布机理。研究发现：①岩心渗透率越高，驱替压力越低，核心渗透率越低，置换压力越高；②T_2 谱显示岩心微孔、中孔和大孔发育良好；③T_2 谱的形态可分为右峰左峰低、左峰高右峰低、左右峰基本相等三种类型。此外，在饱和油条件下，中、大孔隙是主要的储油空间；④影响注水效率的因素有三个，即微裂缝、孔喉非均质性和孔喉形成程度。

通过对比国内外微观驱替研究,可以发现采用实验手段来研究油水微观渗流,可能会因为仪器精度和刻蚀工艺的限制,遇到驱替压力波动、孔隙尺寸偏差以及模型变形等问题,这些都可能导致实验结果不准确,且微观玻璃刻蚀模型的制作成本较高,模型的精确度有待提升。相比之下,数值模拟技术能够有效地再现岩石微观孔隙结构的特性,且有限元数值模拟具有操作简便、可重复性高、计算能力强和成本低廉等优势,为微观渗流研究开辟了新的途径。为探究目标区块水驱油过程中油水分布特征及剩余油分布规律,促进油藏高效开发,本书将选用 COMSOL 数值模拟技术来研究储层微观渗流。

1.4　特低渗油藏数值模拟研究现状

1998 年,Gulick 等[34]采用数值模拟方法进行了油藏注水开发的模拟,结合油藏地质特征与井数据,对井排距、射井位置、注采比、井底流压、注入压力及注入流体性质等进行了优化。

2001 年,Dunn 等[35]讨论了基于数值模拟的无量纲性能曲线在预测水驱采收率方面的优势,提出了一种创建和应用这些曲线的方法,并提出了在大型、适度成熟的油田中除了单一描述的有限差分模型之外的决策替代方案。

2016 年,Bhardwaj 等[36]针对油藏注水开发,发明了一种具有迭代耦合地质力学的三维两相流模拟器,并应用于模拟注入引起的裂缝动态扩展。该模拟器可以用于模拟多个注水诱发裂缝,确定重新定向的应力状态以优化加密井的位置,并调整注入井模式以最大限度地提高储层驱替效率。

2018 年 1 月,Lyu 等[37]针对低渗透油藏提出了一种基于裂缝性低渗透油藏天然裂缝张开压力确定注水压力的方法,以渤海湾盆地周青庄油田 F16、Z3 两个不同断块的生产动态为基础,比较了分析方法计算的天然裂缝张开压力和地层分离压力。

2018 年 2 月,崔传智等[38]针对特低渗透砂砾岩油藏的开发问题,采用了多相渗流理论和油藏数值模拟方法。他们以盐家地区特低渗透砂砾岩油藏为例,利用现场实际资料构建了油藏数值模型,并对该地区的注水开发可行性进行了深入研究,探讨了不同开发方式的渗流机理和开发规律,特别是常规注水、超前注水和注水吞吐开发等措施。他们发现,与传统的弹性开发相比,采用注水开发可以有效解决地层能量快速衰竭的问题,并扩大储层的动用面积以及提高驱替效率。具体来说,注水吞吐的最终含水率比常规注水降低了约 25%,而超前注水在开发前期能够提高常规弹性开发产量的 30%左右。

2018 年 12 月,王香增等[39]以延长油田南部长 8 油藏为研究对象,通过渗吸实验建立渗吸驱替模型,得到了研究区的最佳注采参数,提出采用基于渗吸-驱替双重效应机理的适度注水技术,可显著改善特低渗透裂缝性油藏的注水开发效果。

2019 年 6 月,樊建明等[40]针对鄂尔多斯盆地致密储层水平井注水吞吐开发研究了几个关键因素对开发效果的影响。地层压力保持水平:注水过程中保持地层压力的稳定对于确保储层的长期稳定生产和提高采收率非常关键。适当的压力水平有助于维持储层裂缝打开,从而促进油气的流动。闷井时间:在注水后关闭井的闷井阶段,地层对水的吸收程度会影响后续的开发效果。合理的闷井时间可以让地层充分饱和,提高储层的渗透性和裂缝的导流效率。采液速度:采液速度是衡量吞吐开发效果的重要指标。采液速度越高意味着更高的油气产出,但同时也可能加速地层能量的消耗。因此,需要在提高产量和维持地层能量之间找到最佳平衡点。

2019 年 11 月,康胜松等[41]以延长 X 区块长 6 油藏为研究对象。首先通过室内静态渗吸实验来探究影响逆向渗吸效率的关键因素,随后采用考虑渗吸效应的数值模拟方法对 X 区块的周期性注水策略进行了参数调整,得到了一套周期注水的工作制度。

2020 年,赵向原等[42]针对鄂尔多斯盆地长 6 油藏,利用地质、测井、分析测试和生产动态数据,研究注水过程中诱导裂缝形成和发展的主要影响因素。研究指出,裂缝的形成受地质和工程两大因素综合控制。地质因素中,天然裂缝的存在、地应力状态、储层结构和岩石力学特性等都是关键要素,它们为裂缝的产生和扩展提供了条件。工程因素中,人工裂缝的规模、注水时间、注水量以及注采比等,直接决定了裂缝的发展方向和效果。

2021 年,Wang 等[43]以吉林油田为例,建立新民 23 区块地质模型,进行考虑低渗透储层非均质性的数值模拟分析。此外,他们还制作了人工岩心,对不同物性岩心在裂缝、等速驱射程等多种因素影响下进行水驱前沿物理实验。基于数值模拟和物理实验,分析了注水前缘运动规律,建立了低渗透油藏注水开发评价的基本方法,为低渗透油藏注水开发提供了可行的思路。

2021 年,Zhan 等[44]针对低渗透油藏提出了一种新型注水技术,将循环高压注入与异步注采相结合,采用五点井网建立油藏数值模型,采用不同的模拟方案筛选最佳方案。他们考虑了循环高压注水新型注水模式下压力循环演化对储层物性和性能的影响。

2021 年,Meng 等[45]针对特低渗油藏采用实验和数值模拟相结合的方式研究了循环注水开发效果。结果表明,循环注水中缩短加压时间,增加减压时间,则含水率较低,且利于油水置换,具有较高的采油效率。较高的压力可以更好地补充地层能量,提高驱油效率。Meng 等[45]针对鄂尔多斯盆地特低渗油藏还进行了数值模拟,进一步评估了岩心实验的最佳参数,并验证了实验与模拟的一致性。

2021 年，Yin 和 Zhou[46]针对裂缝型低渗透油藏采用数值模拟的方式研究了注水、循环注水、深度剖面控制，以及深度剖面控制和循环注水相结合提高采收率。此外，他们还监测了含水率、储量采收率、注入压力、裂缝和基质压力以及水饱和度的变化。在此基础上，分析了深度调剖与循环注水相结合提高采收率的机理。

2022 年，汪洋等[47]对注水诱导动态裂缝的表征技术进行了全面的梳理和分析。他们从动态裂缝的矿场表现特征、成因机理、监测与识别方法、注水井/采油井压力响应特征、数值模拟和井网二次调整等多个方面，总结了国内外研究的最新进展，明确了动态裂缝对水驱开发的影响，提出了基于动态裂缝的井网加密调整策略。他们指出在未来的研究中，应重点加强实验机理研究，以更好地研究动态裂缝的形成和演化过程；发展和完善动态裂缝的表征技术，提高监测和识别的准确性；以及在开发调整方面，探索更有效的井网布局和操作策略，以适应动态裂缝对油藏开发的影响。

2022 年，邸士莹等[48]针对某致密油藏区块，通过数值模拟方法，综合考虑了基质、天然裂缝和压裂裂缝的物理特性及其在不同压力条件下的表现，并对比了注水吞吐和不稳定水驱两种开发策略的效果。研究发现，不稳定水驱方法能够更有效地利用渗吸和驱替机制，通过调整注水量，可以防止水窜，并形成均匀的驱替界面。在相同的生产周期内，采用周期性注水策略相较于注水吞吐方法，累产油量更高，提高了约 18%，从而显著提升了开发效果。

2023 年，Wang 等[49]针对低渗透油藏水驱开发，使用数值模拟技术研究不同井网类型对注水开发的影响。结果表明，五点水平井网效果最佳，累计产液量较直井网提高约 32.32%。反九点水平井网也表现良好，累计产液量比单排直井高 30%左右。压力驱动注水提高了基质油水渗透率，扩大了水驱覆盖范围。此外，Wang 等[49]基于不同井网驱动的压力梯度分布，建立了井间利用能力及其有效性评价方法。

通过对比国内外研究发现，大多数学者针对特低渗油藏开展了常规注水、注水吞吐、不稳定水驱、高压注水等模拟研究，并未针对蓄能增渗显著性及工艺参数进行研究，有必要对特低渗油藏进行蓄能增渗工艺参数数值模拟研究。

1.5 水平井井网参数优化研究现状

2013 年，屈雪峰等[50]发现七点联合井网中腰部水平井容易见水，提出了水平井交错七点井网，直井注水，水平井采油，水平井布置应该垂直于最大主应力的开发井网模式，这样的井网模式流线分布均匀，避开了注水线，可以很好地预防见水。

2014 年，赵继勇等[51]针对超低渗透油藏，建立了有效驱替压力系统，确定了水平井井网的相关参数，水平井应该垂直于最大主应力布置，这样有利于压裂，可以很好地提高单井产量。

2016年，杨树坤等[52]总结了压裂水平井四个流动阶段：裂缝附近线性流动阶段，垂直裂缝井拟径向流动，地层线性流动阶段，水平井拟径向流动。其中，压裂水平井的地层线性流动阶段对压裂水平井的产量贡献最大。针对布缝方式，研究发现正对布缝方式下地层压力下降慢，交错布缝方式下地层压力下降快且产量高。

2016年，陶珍等[53]运用数值模拟方法，优化了井网参数、水平井长度、裂缝穿透比及排距，还发现七点井网腰部两口井容易见水，导致无水采油期短，相同采收率下，五点井网比七点井网含水率更低；纺锤形布缝方式对水平井的产能贡献最大，哑铃形最小。

2016年，田鸿照[54]研究发现加错正对、完全交错的排状井网，在水平井网与主渗方向成45°夹角时，能够有效预防水平井见水，延长无水采油期；在进行水平井专注时，保持地层压力在85%以上，既可以保持地层能量充足，又不会致使水平井含水率上升过快。

2017年，王海涛等[55]通过相似准则建立了油田原型和实验模型参数之间的联系，建立了蒸汽驱不同井网的物理实验模型，开展了排状井网、五点井网、反九点井网的实验研究，实验结果可以确定不同井网条件下的采收率和含水率。

2017年，贾自力等[56]用数值模拟软件，以长9某油藏为例，对鄂尔多斯超低渗透油藏的水平井长度、开采的井网形式、裂缝条数、注水井的位置及裂缝的形态等参数进行了优化，优化过程中将变渗透率状态方程引入运动方程中，更加真实地模拟了油藏现状。

2018年，樊建明等[57]研究发现，超低渗透油藏的水平井井网应该垂直于最大主应力布置，注水和采油井应该尽量避免正对布置，缩小压裂裂缝段距可以有效提高储层的动用程度，且发现天然裂缝优势方向和最大主应力方向的差异较小。

2020年，郭卓梁[58]研究发现对于超低渗透油藏，小注采单元的排距应该在80～150m，井距在600～700m，水平段长度应在400m左右，裂缝形态应选择纺锤形缝网，缝间距应在100m左右，裂缝半长为中等。

2021年，豆梦圆[59]利用ND致密油藏参数，研究发现井网裂缝参数不同，产能不同，在不同缝网形式的条件下，井距不同，产能不同；正对式缝网和交错式缝网累产油变化都是随着井距增加先增大后减小，但是总体上来看，交错式布缝效果优于正对式布缝。

2022年，陈志明等[60]根据CQ页岩油藏压裂水平井结果得到了累产油和段距之间的变化关系，页岩油藏压裂缝网区的渗透率和合理的闷井时间呈双曲线关系，累产油和井距的关系式斜率存在转折点，因此可以确定该井的参数优化方案。

2022 年，王超等[61]针对水平井分段压裂的参数优化，利用数值模拟方法对比了横向裂缝和纵向裂缝的压力场和累产油，得出水平井横向裂缝的开发效果要优于纵向裂缝；在分别对比了三种开发井网的累产油和含水率后，优选出了最佳井网为联合七点井网，其中直井为注入井，水平井为采油井。

通过调研国内外研究现状发现，低渗透储层蓄能开发时，注采井网形式、注采井距、排距、压裂裂缝的走向以及与地应力的关系都影响着储层的开发。

1.6　章　节　分　布

本书共分为 7 章。第 1 章为绪论；第 2 章为低渗透油藏蓄能增渗水驱实验研究；第 3 章为低渗透油藏蓄能增渗平板实验；第 4 章为低渗透油藏蓄能增渗微观渗流机理；第 5 章为底水油藏注采模拟平板实验；第 6 章为低渗透油藏蓄能增渗数值模拟研究；第 7 章为低渗特低渗油藏水平井开采参数优化研究。

第 2 章　低渗透油藏蓄能增渗水驱实验研究

目前对于低渗透油藏蓄能增渗注入阶段注入速度、注入时间、注入轮次等的研究较少,本章针对目标区块,取用储层真实岩心进行蓄能增渗注入阶段注入速度优选及注采参数优选实验,以物理实验为基础,对比分析不同注入速度的驱油效果,并对不同注水方式进行优选得出最佳的注采参数,揭示目标区块蓄能增渗注入阶段水驱机理,从而对现场进行指导。

2.1　实　验　目　的

基于目标油藏典型特征,模拟低含油饱和度低渗透油藏蓄能增渗水驱过程(保持初始含油饱和度为40%),通过开展岩心驱替实验模拟蓄能增渗注入阶段,研究蓄能增渗注水阶段不同驱替速度对水驱效果的影响,采用周期注水注入方式来模拟蓄能增渗过程中闷井置换效果。通过开展周期注水不同注入参数(注入压力、注入时间)实验,研究储层对速度压力的敏感性以及储层蓄能增渗闷井过程中的控制因素,进而为油田现场优化注水开发参数提供依据。

2.2　实验设备和用品

2.2.1　实验设备

如图 2-1 所示,低渗透油藏蓄能增渗水驱实验装置中的实验设备有气体渗透率测

图 2-1　低渗透油藏蓄能增渗水驱实验装置

定仪、岩心夹持器、高压手动计量泵、布氏黏度仪、真空泵、ISCO 驱替泵、压力跟踪泵、U-XYY-01 型洗油仪和活塞容器等。装置流程图如图 2-2 所示。

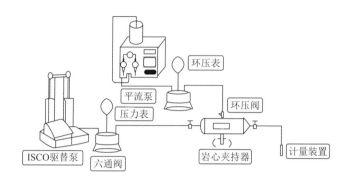

环压表

平流泵
压力表

环压阀

ISCO驱替泵　　六通阀　　　　　　　　岩心夹持器　　　计量装置

图 2-2　低渗透油藏蓄能增渗水驱实验装置流程图

2.2.2　实验用品

1. 标准岩心

利用车床将不规整岩心两端面加工平滑，并测量其长度及重量，最后制备成实验所用长度为 5cm 左右、截面直径为 2.5cm 左右的标准岩心。

2. 实验流体

为尽可能模拟真实油藏状况，符合低渗透油藏原油黏度小、密度小、胶质沥青质含量较少的特征，实验采用黏度为 4.94mPa·s（0℃下）的白油作为模拟油。

根据目标区块地层特征，完成岩心实验所用地层水的配置，其总矿化度平均值为 69585.3mg/L，主要为 $CaCl_2$ 水型。

2.3　储层岩心孔渗测定

选用 BenchLab 7000 自动孔隙度渗透率测量系统对低渗透岩心进行孔隙度、渗透率测试实验。

BenchLab 7000 自动孔隙度渗透率测量系统的设计原理是通过脉冲衰减法、玻意耳定律分别测量岩石的渗透率和孔隙度，经过电脑控制不同模块带有的传感器自动完成相关测试，其渗透率测量范围：0.001～10000mD；孔隙度测量范围：0.1%～60%。

本次实验选用 18 块来自目标区块的油页岩岩心，通过以下实验步骤完成岩心的孔隙度、渗透率测定：

（1）根据岩心尺寸选择合适的岩心堵头，与前面板成约 45°角正确插入岩心和堵头，再使用扳手拧紧封闭螺丝；

（2）单击电脑端桌面上的 BenchLab 图标，在出现的信息面板上输入岩心的编号、尺寸等信息，最后点击 OK，进入测试主界面；

（3）点击主界面 PoroPerm 窗口中的"加载样本"按钮来确保活塞与岩心接触，当活塞与岩心接触时，根据系统提示进行确认；

（4）在 PoroPerm 窗口选择实验需要采集的孔隙度、渗透率等参数，并根据选择采集的实验参数，输入其测试条件参数；

（5）准备就绪后，点击"队列捕获"按钮，开始依次进行孔隙度、渗透率等参数测试，可通过图形队列查看器查看测试期间的围压和孔隙压力实时动态图；

（6）完成所需参数采集后，点击"样本卸载"按钮，释放所有压力并完全缩回活塞，最后取出岩心，导出实验结果，完成实验。

通过上述步骤，完成了 18 块岩心的孔隙度、渗透率测试，具体数据见表 2-1。

表 2-1　18 块岩心的孔隙度、渗透率测试结果

岩心编号	直径/mm	长度/mm	质量/g	孔隙度/%	渗透率/mD[①]
1（48/52）	50.10	25.20	32.0484	13.17	1.24
1（25/52）	50.00	25.20	32.2232	16.20	3.18
1（26/52）	50.00	25.20	27.8240	13.70	1.18
1（19/52）	50.10	25.20	29.2210	12.15	4.15
1（20/52）	50.20	25.20	27.4931	13.30	1.26
1（31/52）	50.00	25.20	29.9897	11.65	2.17
1（15/52）	50.10	25.20	29.7442	8.48	1.31
1（16/41）	50.20	25.20	31.1221	7.51	0.51
1（5/41）	50.10	25.20	29.2997	7.58	0.84
1（32/41）	49.90	25.20	34.1843	14.33	7.46
1（6/41）	50.10	25.20	35.7260	8.26	1.25
1（7/41）	50.00	25.20	32.8305	9.44	1.33
1（34/41）	50.10	25.20	27.1282	12.82	2.48
1（10/40）	49.70	25.20	28.9103	10.60	1.30
1（11/40）	49.70	25.20	29.9548	10.10	1.19
1（12/40）	50.20	25.20	30.6714	9.97	1.27
1（22/40）	50.00	25.20	29.9447	10.60	3.15
1（7/40）	49.90	25.20	44.0263	3.52	0.01

① 1mD = 0.986923×10^{-15}m^2。

通过表 2-1 可知，岩心渗透率为 0.01～7.46mD，平均值为 1.96mD，孔隙度平均值为 10.74%。

2.4 不同注入速度实验

2.4.1 实验设计及流程

本实验采用单一变量法原则设计，其余实验变量保持不变（岩心选用渗透率相近的两块岩心经过多次洗油重复利用）。该实验岩心的初始含油饱和度为 40%，采液压力为 2MPa。考虑不同注入速度对油井含水率、采出程度的影响，设计了 7 组水驱实验如表 2-2 所示。

表 2-2 不同注入速度水驱实验设计表

影响因素	因素水平
注入速度/(mL/min)	0.05
	0.10
	0.15
	0.20
	0.25
	0.30
	0.35

实验流程：

（1）将岩心经过烘干箱烘干后，在干燥条件下称重，直至重量稳定。

（2）用真空泵将岩心抽真空。

（3）向实验装置的中心容器中注入预先配制的模拟地层水。

（4）启动入口处的 ISCO 驱替泵，设置为恒压模式并打开入口端的阀门，利用模拟地层水进行岩心驱替，直至装置出口端有水流出。之后，关闭泵和进出口端阀门，让岩心在实验环境中带压静置 24h。

（5）岩心静置后再次打开注入泵和进出口阀门，向岩心注入一定量模拟地层水，以确保岩心内孔隙体积完全充满地层水，将中心容器中的流体替换为预先准备好的原油，并重新配置实验设备。使用原油继续进行驱替，直至岩心含油饱和度达到 40%，此时根据注入泵流量注入原油体积倍数应为 0.4PV（pore volume，表示孔隙体积倍数），此时关闭进出阀门。

（6）在设定的实验温度下进行老化处理，让油水模拟地层真实环境分布，确保处理时间不少于 24h。

（7）在恒定温度下开展不同速度的水驱实验，并在实验过程中详细记录每个岩心在特定时间间隔内的产油量和产水量。

（8）根据实验数据计算岩心的采出程度和含水率，当注水量达到预定值时，终止水驱实验。

（9）将使用过的岩心通过洗油处理以便重复利用。

2.4.2　实验结果分析

为了研究连续注水注入速度对油井含水率、采出程度（某时刻为止采出的总采油量与地质储量的比值）以及采收率（累计总采油量与地质储量之比）的变化规律的影响，分别进行了 7 组不同注入速度的水驱实验，通过改变注入速度，研究注入速度对岩心采收率、采出程度、含水率变化规律的影响。

由表 2-3 和图 2-3 可以看出，注入速度为 0.05mL/min 时，岩心的采收率为 17.46%；注入速度为 0.10mL/min 时，岩心的采收率为 20.31%；注入速度为

表 2-3　不同注入速度实验结果表

注入速度/(mL/min)	采收率/%
0.05	17.46
0.10	20.31
0.15	21.73
0.20	22.52
0.25	23.75
0.30	23.25
0.35	21.73

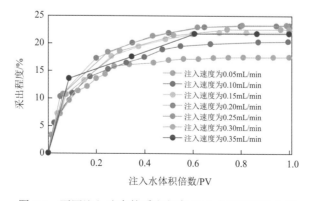

图 2-3　不同注入速度的采出程度-注入水体积倍数曲线

0.15mL/min 时，岩心的采收率为 21.73%；注入速度为 0.20mL/min 时，岩心的采收率为 22.52%；注入速度为 0.25mL/min 时，岩心的采收率为 23.75%；注入速度为 0.30mL/min，岩心的采收率为 23.25%；注入速度为 0.35mL/min，岩心的采收率为 21.73%。

从图 2-3 注入速度曲线拐点可以看出，水驱前期采出程度随注入速度增加而增加，但增加幅度越来越小，在注入速度增加到一定值后，采出程度并不会随注入速度增加继续增加，反而随注入速度增加略微减小。注入速度越大，油井初期的采油速度越快，生产时间越短。整体注入过程可分为三个阶段：水驱初期，采出程度快速增长阶段；水驱中后期，采出程度稳定增加阶段；水驱末期，采出程度趋于不变阶段。

由图 2-4 可知，岩心的含水率随注入水体积倍数的增加呈现先升高再稳定的趋势，而且注入速度越快，初期含水率上升越快。由于实验所用岩心是低含油饱和度岩心，因此本次实验水驱初期几乎不存在无水采油期，一直处于高含水率阶段；水驱中后期，其含水率处于特高含水期。

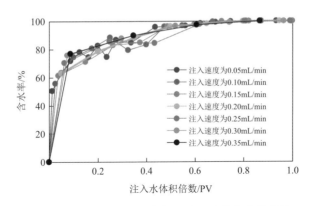

图 2-4　不同注入速度的含水率-注入水体积倍数曲线

实验结果表明了低渗透岩心中采出程度（水驱效率）随注入速度的改变有以下变化特点。水驱采出程度初期随注入速度增加而增加，然后趋于稳定，增加到一定值后，继续加大注入速度，水驱效率降低。

这可能是在低渗储层中，微孔隙数量众多，毛管力效应显著，当注入速度较小时，注入水并不能推动在孔道中部的原油，而是沿着束缚水优势通道流出，此时可以剥离在孔道壁上附着的少部分原油，但孔道中还没有被驱替的原油则被水流分割，以油滴的形式留下来；当水驱速度进一步提高时，在小孔隙内油的流动压力提高，直到突破储层的启动压力时大孔道中的油被水驱替，因此随着注入速度的增大，采出程度增加。

当注入速度过大时，孔道中部水的推进速度足以抵消毛管力和边界层效应对原油的束缚，注入水可以把孔道中部的油驱走，而靠近孔道壁的油还没有来得及被注入就滞留下来，使驱油效率降低。因此，对于不同岩心，在注水时都存在一个最佳的注入速度。当大于或小于这个最佳速度时，驱油效率都有所降低。

水驱过程中存在两种速度，一种是孔道中部水驱推进的速度，另一种为束缚水剥蚀油膜向前推进的速度。当这两种速度相等时，油被束缚水从岩石表面上剥蚀下来后可以被孔道中的水驱走而不会以油滴形式赋存，此时注入机理和剥蚀机理充分得到利用，水驱效率最高。由实验结果得出研究区块储层岩心的最佳注入速度为 0.25mL/min。

2.5　不同注水方式实验

蓄能增渗是将注水吞吐、异步注采、油水井互换、闷井渗吸等多种渗吸采油开发方式组合应用，在岩心尺度条件下较难实现，因此采用周期注水方式来模拟蓄能增渗闷井阶段油水置换效果。本节控制注水量相同，对比周期注水与连续注水采出程度的差异，以探究蓄能增渗闷井阶段置换效果以及连续注水与蓄能增渗的差异。

2.5.1　实验设计及流程

本实验采用单一变量法原则设计，其余实验变量同 2.4 节。实验的初始含油饱和度为 40%，采液压力为 2MPa，保持总注水量相同，两种注水方式设计了 2 组水驱实验，实验参数见表 2-4。

表 2-4　不同注水方式实验参数表

序号	实验条件	影响因素	因素水平
1	采液压力：2MPa； 含油饱和度：40%； 注入速度：0.25mL/min； 注入时间（注 2min、停 2min）	注水方式	连续注水
2			周期注水

实验流程：

（1）将岩心经过烘干箱烘干后，在干燥条件下称重，直至重量稳定。

（2）用真空泵将岩心抽真空。

（3）向实验装置的中心容器中注入预先配制的模拟地层水。

（4）启动入口处的 ISCO 驱替泵，设置为恒压模式并打开入口端的阀门，利用模拟地层水进行岩心驱替，直至装置出口端有水流出。之后，关闭泵和进出口阀门，让岩心在实验环境中带压静置 24h。

（5）岩心静置后再次打开注入泵和进出口阀门，向岩心注入一定量模拟地层水，以确保岩心内孔隙体积完全充满地层水，将中心容器中的流体替换为预先准备好的原油，并重新配置实验设备。使用原油继续进行驱替，直至岩心含油饱和度达到 40%，此时根据注入泵流量注入原油体积倍数应为 0.4PV，此时关闭进出口阀门。

（6）在设定的实验温度下进行老化处理，让油水模拟地层真实环境分布，确保处理时间不少于 24h。

（7）在恒定温度下开展不同注水的水驱实验，并在实验过程中详细记录每个岩心在特定时间间隔内的产油量和产水量。

（8）根据实验数据计算岩心的采出程度和含水率，当注水量达到预定值时，终止水驱实验。

（9）将使用过的岩心通过洗油处理以便重复利用。

2.5.2　实验结果分析

为了研究低渗透油藏低含油饱和度情况下不同注水方式对采出程度的变化规律的影响，分别进行了 2 组不同注水方式水驱实验，通过改变注水方式，研究注水方式对岩心采出程度的影响，不同注水方式采收率实验结果如表 2-5 所示。

表 2-5　不同注水方式实验结果表

不同注水方式	采收率/%
连续注水	23.25
周期注水	24.33

由图 2-5 可知，当注水方式为周期注水时，每一个注采周期过后岩心采出程度都会提升一段，岩心采出程度增长呈现阶梯式增长，且增长幅度逐渐减小，采出程度曲线和连续注水趋势基本相同，初期增长幅度较大，最终趋于平缓。在注入量相同的条件下，注水方式为连续注水时，岩心的采收率为 23.25%；注水方式为周期注水时，岩心的采收率为 24.33%。综上所述，周期注水采收率比连续注水更高。

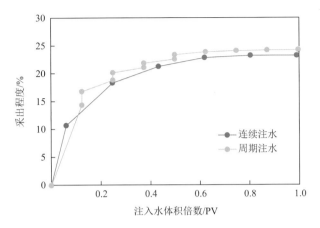

图 2-5　不同注水方式的采出程度-注入水体积倍数曲线

本次实验中，与岩心采用连续注水相比，周期注水采出程度明显增加，通过周期注水的脉冲及渗吸作用，周期水驱比连续水驱的采油效率更高。

2.6　不同注入参数实验

本节通过开展周期注水不同注入压力实验，研究蓄能增渗过程中注水井不同注入压力下的效果，通过改变周期注水注入轮次（注入时间）来模拟蓄能增渗过程。

2.6.1　实验设计及流程

本实验采用单一变量法原则设计实验，其余实验变量保持不变。该实验的初始含油饱和度为 40%，采液压力为 2MPa。如表 2-6 所示，考虑不同影响因素对采出程度的影响，设计了 8 组实验。

表 2-6　不同影响因素水驱实验设计表

序号	实验条件	影响因素	因素水平
1	采液压力：2MPa；含油饱和度：40%；注水方式：模拟蓄能增渗；注水周期：注 5min、停 5min	注入压力	5.5MPa
2			6.0MPa
3			6.5MPa
4			7.0MPa
5	采液压力：2MPa；含油饱和度：40%；注水方式：模拟蓄能增渗；注入速度：0.15mL/min	注入时间	注 2min、停 2min
6			注 4min、停 4min
7			注 6min、停 6min
8			注 8min、停 8min

实验流程：

（1）将岩心经过烘干箱烘干后，在干燥条件下称重，直至重量稳定。

（2）用真空泵将岩心抽真空。

（3）向实验装置的中心容器中注入预先配制的模拟地层水。

（4）启动入口处的 ISCO 驱替泵，设置为恒压模式并打开入口端的阀门，利用模拟地层水进行岩心驱替，直至装置出口端有水流出。之后，关闭泵和进出口阀门，让岩心在实验环境中带压静置 24h，以防岩心内有死孔隙没有进入水。

（5）岩心静置后再次打开注入泵和进出口阀门，向岩心注入一定量模拟地层水，以确保岩心内孔隙体积完全充满地层水，将中心容器中的流体替换为预先准备好的原油，并重新配置实验设备。使用原油继续进行驱替，直至岩心含油饱和度达到 40%，此时根据注入泵流量注入原油体积倍数应为 0.4PV，此时关闭进出口阀门。

（6）在设定的实验温度下进行老化处理，让油水模拟地层真实环境分布，确保处理时间不少于 24h。

（7）在恒定温度下开展不同注采参数的周期注水实验，并在实验过程中详细记录每个岩心在特定时间间隔内的产油量和产水量。

（8）根据实验数据计算岩心的采出程度和含水率，当注水量达到预定值时，终止水驱油实验。

（9）将使用过的岩心通过洗油处理以便重复利用。

2.6.2　不同注入压力实验

为了研究周期注水不同注入压力对油井含水率、采出程度的变化规律的影响，根据实际区块注入压力范围分别进行了 4 组周期注水不同注入压力水驱实验，通过改变注入压力，研究注入压力对岩心采收率、采出程度变化规律的影响。

由表 2-7 和图 2-6 可知，随着注入压力的增加，岩心采出程度增加，采收率更高。注入压力为 5.5MPa 时，岩心的采收率为 23.81%；注入压力为 6.0MPa 时，岩心的采收率为 24.69%；注入压力为 6.5MPa 时，岩心的采收率为 25.46%；注入压力为 7.0MPa 时，岩心的采收率为 25.72%。由此可见，保持较高的压力有利于提高周期注水时的脉冲作用，从而达到更高的采收率。

表 2-7　不同注入压力实验结果表

注入压力/MPa	采收率/%
5.5	23.81

注入压力/MPa	采收率/%
6.0	24.69
6.5	25.46
7.0	25.72

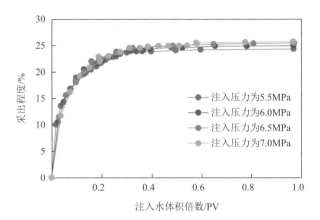

图 2-6　不同注入压力的采出程度-注入水体积倍数曲线

2.6.3　不同注入时间实验

为了研究周期注水不同注入时间对采出程度的变化规律的影响，分别进行了 4 组周期注水不同注入时间水驱实验，通过改变周期注水不同注入时间，研究注入时间对岩心采收率、采出程度变化规律的影响。

由表 2-8、图 2-7 可知，注入时间为注 2min、停 2min 时，岩心的采收率为 24.33%；注入时间为注 4min、停 4min 时，岩心的采收率为 23.98%；注入时间为注 6min、停 6min 时，岩心的采收率为 23.83%；注入时间为注 8min、停 8min 时，岩心的采收率为 23.22%。过多的注入轮次对于采出程度的增加并没有作用，当注入轮次超过 4 个后，再增加注入轮次并不能起到增加采出程度的效果，且适当的闷井时间才能使得闷井过程的渗吸置换效果达到最大，此时最佳的闷井时间为 2min，周期注水的注入时间为注 2min、停 2min 时，其采出程度最高，累计产油量最大，优选注水时间为注 2min、停 2min。

表 2-8　不同注入时间实验结果表

注入时间	采收率/%
注 2min、停 2min	24.33

续表

注入时间	采收率/%
注 4min、停 4min	23.98
注 6min、停 6min	23.83
注 8min、停 8min	23.22

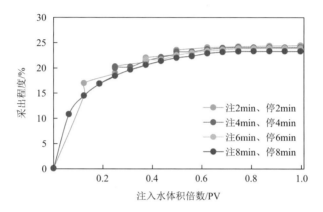

图 2-7　不同注入时间的采出程度-注入水体积倍数曲线

　　根据不同注水周期更换频率对采出程度影响的对比结果得出注水周期波动频率中，注水时间为注 2min、停 2min 方式效果最好，这说明在周期注水过程中适当延长停注时间，有利于原油交换，增加采出效果。从机理分析也实证，剩余油挖潜主要在停注期，结合矿场实际注水期可适当缩短。

第3章　低渗透油藏蓄能增渗平板实验

3.1　实验相似准则

水驱开发方式的参考价值很小，需要进行水驱物理模拟实验研究，而相似理论又是物理模拟参数设计的基础，是确定物理模拟实验方案、模型设计参数以及整理实验数据，并将室内实验结果转化为矿场原型参数的重要依据。相似理论研究不仅可以大大减少实验的工作量，还可以将具体某岩样的实验结果推广到整个相似现象群，对油藏的开发具有一定的指导作用。

模拟实验的操作是以相似理论为基础，当同一类物理现象的单值条件相似，并且对应的相似准则（由单值条件中的物理量组成）相等时，这些现象必定相似，这是判断两个物理现象是否相似的充分必要条件。但是如何确定物理模拟中能反映矿场实际情况的各项参数，以及模拟结果如何在矿场应用，是目前所面临的重要问题。换句话说，需要建立物模实验参数与矿场参数的有效换算关系。

3.1.1　基本假设

（1）油藏是等温渗流，油水不相溶。
（2）水驱过程、油水渗流服从达西定律。
（3）考虑重力和毛管力对运动过程的影响。

3.1.2　数学模型

模型示意图如图 3-1 所示。

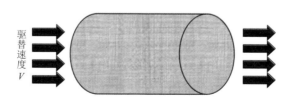

图 3-1　模型示意图

（1）渗流方程为

$$\nabla \cdot \left[\rho_o \frac{K_o}{\mu_o} (\mathrm{grad}\, p_o - \rho_o g) \right] = \frac{\partial(\phi \rho_o S_o)}{\partial t} \tag{3-1}$$

$$\nabla \left[\rho_w \frac{K_w}{\mu_w} (\mathrm{grad}\, p_w - \rho_w g) \right] = \frac{\partial(\phi \rho_w S_w)}{\partial t} \tag{3-2}$$

（2）连续性方程为

$$\rho_o = \rho_{o0}[1 + C_o(p_o - p_{o0})] \tag{3-3}$$

$$\rho_w = \rho_{w0}[1 + C_w(p_o - p_{o0})] \tag{3-4}$$

$$\phi = \phi_0 \left[1 + C_\phi \left(\frac{p_o + p_w}{2} - \frac{p_{o0} + p_{w0}}{2} \right) \right] \tag{3-5}$$

（3）毛管力和饱和度方程为

$$p_c = p_o - p_w = \sigma \cos\theta \sqrt{\phi_o / K}\, J(S_w) \tag{3-6}$$

$$S_o + S_w = 1 \tag{3-7}$$

（4）初始条件为

$$\left. p_o \right|_{t=0} = p_{o0}$$
$$\left. S_w \right|_{t=0} = S_{w0} \tag{3-8}$$
$$\left. S_w \right|_{t=0} = S_{w0}$$

（5）边界条件为

$$\frac{\partial p_o}{\partial x} = 0,\ \frac{\partial p_o}{\partial y} = 0,\ \frac{\partial p_o}{\partial z} + \rho_o g = 0 \tag{3-9}$$

$$\frac{\partial p_w}{\partial x} = 0,\ \frac{\partial p_w}{\partial y} = 0,\ \frac{\partial p_w}{\partial z} + \rho_w g = 0 \tag{3-10}$$

上式中：ρ_o、ρ_w——油相、水相密度，$g \cdot cm^{-3}$；

ϕ、ϕ_o——孔隙度、初始孔隙度，%；

g——重力加速度，$m \cdot s^{-2}$；

σ——界面张力，Pa；

θ——湿润角，（°）；

$J(S_w)$——J 函数；

t——时间，s；

K、K_o、K_w——渗透率、油相、水相渗透率，D；

μ_o、μ_w——油相、水相黏度，$mPa \cdot s$；

S_o、S_w——油相、水相饱和度，%；

C_o、C_w、C_ϕ——油、水、岩石介质的压缩系数，MPa^{-1}；

p_o、p_w、p_{o0}、p_{w0}、p_c——油、水的压力和初始压力，以及毛管力，Pa。

3.1.3　相似准则推导

（1）引入无因次自变量（脚标 D 表示无因次）：

$$X = \frac{x}{l_x}, Y = \frac{y}{l_y}, Z = \frac{z}{l_z}, t_D = \frac{B_o q_o t}{\phi_o l_x l_y l_z \Delta S} \tag{3-11}$$

式中：l_x、l_y、l_z——x、y、z 三个方向上的长度；

　　　B_o——油的体积系数；

　　　q_o——油的流量；

　　　ΔS——饱和度差。

（2）引入无因次因变量：

$$p_{oD} = \frac{p_o K_{row} l_z}{q_o \mu_w}, p_{wD} = \frac{p_w K_{row} l_z}{q_o \mu_w}, p_{cD} = \frac{p_c K_{row} l_z}{q_o \mu_w} \tag{3-12}$$

式中：K_{row}——残余油条件下水的渗透率。

（3）引入无因次参量（脚标 D 表示无因次）：

$$\mu_{oD} = \frac{\mu_o}{\mu_w}, \rho_{oD} = \frac{\rho_o}{\rho_{o0}}, \rho_{wD} = \frac{\rho_w}{\rho_{w0}}$$

$$C_{oD} = \frac{C_o q_o \mu_w}{K_{row} l_z}, C_{wD} = \frac{C_w q_o \mu_w}{K_{row} l_z}, C_{\phi D} = \frac{C_\phi q_o \mu_w}{K_{row} l_z} \tag{3-13}$$

$$p_{woD} = \frac{p_{wo} K_{row} l_z}{q_o \mu_w}, p_{o0D} = \frac{p_{o0} K_{row} l_z}{q_o \mu_w}$$

（4）含水饱和度和相对渗透率归一化处理为

$$\overline{S}_w = \frac{S_w - S_{cw}}{1 - S_{cw} - S_{ro}} = \frac{S_w - S_{cw}}{\Delta S},$$

$$\overline{S}_o = \frac{S_o - S_{ro}}{1 - S_{cw} - S_{ro}} = \frac{S_o - S_{ro}}{\Delta S},$$

$$K_{oD} = \frac{K_o}{K_{cwo}}, K_{wD} = \frac{K_w}{K_{row}} \tag{3-14}$$

式中：K_{cwo}——束缚水条件下油的渗透率；

　　　S_{cw}、S_{ro}——束缚水、残余油饱和度。

将以上无量纲参量代入式（3-1）、式（3-2）得

$$\left[\frac{K_{cwo}l_y}{K_{row}l_x}\right]\frac{\partial}{\partial l_x}\left(\frac{\rho_{oD}K_{oD}}{\mu_{oD}}\frac{\partial p_{oD}}{\partial l_x}\right)+\left[\frac{K_{cwo}l_x}{K_{row}l_y}\right]\frac{\partial}{\partial l_y}\left(\frac{\rho_{oD}K_{oD}}{\mu_{oD}}\frac{\partial p_{oD}}{\partial l_y}\right)+\left[\frac{K_{cwo}l_xl_y}{K_{row}l_z^2}\right]\frac{\partial}{\partial l_z}$$

$$\left(\frac{\rho_{oD}K_{oD}}{\mu_{oD}}\frac{\partial p_{oD}}{\partial l_z}\right)-\left[\frac{\rho_{o0}K_{cwo}gl_xl_y}{\mu_w q_o}\right]\frac{\partial}{\partial l_z}\left(\frac{\rho_{oD}^2K_{oD}}{\mu_{oD}}\right)=\left[B_o\right]\frac{\partial}{\partial l_D}(\rho_{oD}\bar{S}_o)+\left[\frac{\boldsymbol{S}_{ro}}{\Delta S}B_o\right]\frac{\partial}{\partial t_D}(\rho_{oD})$$

$$（3\text{-}15）$$

$$\left[\frac{l_y}{l_x}\right]\frac{\partial}{\partial l_x}\left(\rho_{wD}K_{wD}\frac{\partial p_{wD}}{\partial l_x}\right)+\left[\frac{l_x}{l_y}\right]\frac{\partial}{\partial l_y}\left(\rho_{wD}K_{wD}\frac{\partial p_{oD}}{\partial l_y}\right)+\left[\frac{l_xl_y}{l_z^2}\right]\frac{\partial}{\partial l_z}\left(\rho_{wD}K_{wD}\frac{\partial p_{oD}}{\partial l_z}\right)$$

$$-\left[\frac{\rho_{w0}K_{roD}l_xl_y}{\mu_w q_o}\right]\frac{\partial}{\partial l_z}(\rho_{wD}^2K_{wD})=\left[B_o\right]\frac{\partial}{\partial t_D}(\rho_{wD}\bar{S}_w)+\left[\frac{\boldsymbol{S}_{cw}}{\Delta S}B_o\right]\frac{\partial}{\partial t_D}(\rho_{wD})$$

$$（3\text{-}16）$$

根据式（3-15）、式（3-16）可得到的相似准数如下：$\dfrac{K_{cwo}}{K_{row}}$，$\dfrac{l_y}{l_x}$，$\dfrac{l_x}{l_z}$，$\dfrac{\rho_{o0}K_{cwo}l_xl_y}{\mu_w q_o}$，

$\dfrac{K_o}{K_{cwo}}$，$\dfrac{\boldsymbol{S}_{ro}}{\Delta S}$，$\dfrac{\mu_o}{\mu_w}$，$\dfrac{\rho_{w0}K_{roD}l_xl_y}{\mu_w q_o}$，$\bar{S}_o$，$\dfrac{S_{cw}}{\Delta S}$，$\dfrac{K_w}{K_{row}}$，$\bar{S}_w$。

同样，将无量纲参数代入状态方程、毛管力方程、饱和度方程中，结合初始条件整理得到的相似准数如下：$\dfrac{C_o q_o\mu_w}{K_{row}l_z}$，$\dfrac{p_{o0}K_{row}l_z}{q_o\mu_w}$，$\dfrac{C_o q_o\mu_w}{K_{row}l_z}$，$\dfrac{p_{w0}K_{row}l_z}{q_o\mu_w}$，$\phi_o$，$\dfrac{C_\phi q_o\mu_w}{K_{row}l_z}$，

$\dfrac{\sigma\cos\theta\sqrt{\phi_o/K}K_{row}l_z}{q_o\mu_w}$，$J(S_w)$，$S_{wi}$，$\dfrac{K_{row}l_z}{q_o\mu_w}\rho_{o0}gl_z$，$\dfrac{K_{row}l_z}{q_o\mu_w}\rho_{w0}gl_z$。

由以上相似准数可知，与产油速度相关的相似准数有 9 个，说明其在物理模拟中的重要性。根据相似准数可将模拟实验的产油速度换算成实际矿场的产油速度，根据实验中产油速度对采出程度的影响判断最佳的产油速度。

3.1.4　低渗透油藏蓄能增渗实验相似性分析

3.1.3 节建立了低渗透油藏蓄能增渗实验相似准数，本书根据低渗透油藏开发机理，进一步提出低渗透油藏衰竭式、渗吸阶段、注水阶段相似准数，破解实验室尺度向现场尺度数据参数转换的技术难题。低渗透油藏相似性分析如表 3-1 所示。

（1）衰竭式弹性驱相似准数：$\dfrac{C_o q_o\mu}{K_{ro}l_z}$。

（2）毛管力作用渗吸采油相似准数：$\dfrac{\delta\cos\theta\sqrt{\dfrac{\phi_o}{K}}K_{row}l_z}{q_o\mu_o}$。

（3）驱动力作用注水阶段相似准数：$\dfrac{p_o K_o l_z}{q_o \mu_o}$，$\dfrac{p_w K_w l_z}{q_w \mu_w}$。

（4）生产时间相似准数：$\dfrac{qt}{l_x l_y l_z \phi(1-S_{ro}-S_{cw})}$。

表 3-1　低渗透油藏相似性分析

序号	参数	油田实际值	室内实验值	相似性实现情况
1	单元长度	700m	35cm	实现
2	单元宽度	700m	35cm	实现
3	短对角井距	200m	10cm	实现
4	长对角井距	300m	15cm	实现
5	储层厚度	60～100m	3～5cm	实现
6	油井作用范围	10m	0.5cm	实现
7	油密度	827kg/m³	827kg/m³	实现
8	水密度	1000kg/m³	1000kg/m³	实现
9	油黏度	4.13mPa·s	4.13mPa·s	实现
10	水黏度	1mPa·s	1mPa·s	实现
11	孔隙度	0.146	0.146	实现
12	基质渗透率	13.6mD	13.6mD	实现
13	地层原始压力	5.28MPa	5.28MPa	实现
14	含油饱和度	0.25、0.35、0.45、0.55	0.25、0.35、0.45、0.55	实现
15	注采速度	1m³/d	0.347mL/min	实现
16	生产时间（二维平面驱替）	1.39d	1min	实现
17	生产时间（三维驱替）	2777.78d	1min	实现

3.2　蓄能增渗实验

低渗透油藏依靠弹性能量衰竭式开采时，地层压力降低较快，单井产量递减迅速。因此保持地层能量对于低渗透油藏的有效开采有着非常重要的作用。

对于低渗透油藏采用超前注水的方式可以很好地补充地层能量，但是低渗透油藏具有低渗透的特性，注入水的波及范围有限，不能很好地利用注入水的能量。针对低渗透和高毛管力特性，本书提出了蓄能增渗开采方式。

　　蓄能增渗主要体现在基质渗吸，基质渗吸是注入能量扩散最主要的原因。基质通过渗吸作用将注入流体吸入孔隙中，使基质孔隙压力得以提升，从而表现为地层能量的增大。渗吸作用引起地层能量增大效果与时间长度、空间广度和渗吸强度有关。闷井是延长渗吸的时间长度；缝网面积、复杂性是增强渗吸的空间广度；毛管力、基质渗透率等因素决定了渗吸强度，而渗吸时间越长，渗吸空间越广，渗吸强度越大，压裂液的能量储存在岩石基质中的越多，地层能量就提升的越多。

　　压后闷井蓄能提高低渗透油藏开采程度的基本原理是注入流体后，关井一段时间，充分发挥低渗透油藏毛管力自发渗吸排油作用，将原油从小孔隙驱替至大孔隙，而压裂液进入并滞留于小孔道，使油层内油水饱和度重新分布，同时提高地层能量。蓄能增渗过程分为三个阶段，分别为初始的注入阶段、闷井蓄能阶段和后期开井生产阶段。

1. 闷井过程中的能量守恒

　　注入流体进入地层之后，其携带的能量在岩石基质的自发渗吸下向储层内部传递扩散，最终起到提升地层压力的作用。闷井过程中遵循能量守恒定理，充分发挥岩石渗吸能力能够有效利用闷井的压裂液能量。

2. 关井产生地层憋压

　　闷井蓄能的关键是关井时期能产生地层憋压。如果关井之后，地层不能形成憋压状态，压力扩散很快，此时若为常规注水方式，毛管力作用就非常微弱，自发渗吸不能充分进行，注入流体沿高导流通道流窜，起不到闷井蓄能的作用。因此低渗透储层的低孔低渗特性是关井后形成地层憋压的必要条件。

3. 闷井过程压力波及与传递

　　低渗透储层的低孔低渗，裂缝网络压力以及基质孔隙压力不平衡，需要一定时间进行压力的平衡以及注入流体的扩散。注入流体在压差作用下由高压区域流向低压区域，在流动的过程中，完成了流体波及和压力提升，能够显著提高低渗透储层的地层压力，为后期驱油提供了能量，起到了蓄能作用。

4. 自发渗吸与油水置换

　　低渗透储层的低孔低渗使岩石基质有着很高的毛管力。闷井过程中，在毛管力的作用下，基质进行自发渗吸作用。自发渗吸的量与时间、空间、渗吸能力有关，自发渗吸液量越多，基质孔隙压力提升越高，地层蓄能效果越好。由于基质孔隙大小的差异，小孔隙在更高的毛管力下具有更大的渗吸速率，自发渗吸的压裂液将小孔隙的原油驱替至大孔隙。由于毛管力大小的差异，大孔隙的原油将进一步运移，最终将原油驱替至导流能力更高的裂缝网络中，实现闷井过程的油水置换。

3.2.1　实验目的及原理

1. 实验目的

通过蓄能增渗平板实验，模拟低含油饱和度油藏蓄能增渗开发，对比不同动静参数下的累产油、含水率以及压力场分布，研究不同参数对蓄能增渗效果的影响。

2. 实验原理

采用平板填砂模拟地层情况，通过压力传感器可以得知实验中模型内部实际的压力，通过电阻探针可以获知模型内部的饱和度分布，模型主体前后侧面分布设置有可视窗，可以观察到实验中模拟地层时发生的实际情况。

用油气水计量装置分别计量每一孔隙体积倍数下各个采液口累计驱替出油量和出水量，同时每隔 10min 采集一次电极数据，求取在不同的注入孔隙体积倍数（HCPV）情况下岩心中油水饱和度分布，计算公式如下：

$$
\begin{aligned}
S_{\mathrm{w}} &= \sqrt[n]{\frac{abR_{\mathrm{w}}}{\phi^{m}R_{t}}} \\
S_{\mathrm{o}} &= 1 - S_{\mathrm{w}} \\
S_{\mathrm{o}} &= 1 - \sqrt[n]{\frac{abR_{\mathrm{w}}}{\phi^{m}R_{t}}}
\end{aligned}
\tag{3-17}
$$

式中，S_{w}——含水饱和度；

S_{o}——含油饱和度；

n——岩性指数；

a——岩性系数；

b——饱和度指数；

R_{w}——地层水的电阻率；

ϕ——岩心孔隙度；

m——胶结指数；

R_{t}——岩石含油时的电阻率。

3. 实验设计

设计不同参数下蓄能增渗实验：含油饱和度分别为 25%、35%、45%、55%，注入量分别为 0.083HCPV，0.106HCPV，0.151HCPV，0.191HCPV，闷井时间为 5min、10min、20min、40min，采液压差为 1.5MPa、1.0MPa、0.5MPa、0MPa 开井顺序分别为闷井后生产井全开、闷井后只开短对角线生产井、闷井后只开长对角线生产井、闷井后交替开井共 16 组实验，研究不同参数对五点井网蓄能增渗开发的影响，实验设计如表 3-2 所示。

表 3-2　不同影响因素蓄能增渗实验设计表

序号	实验条件	影响因素	因素水平
1			25%
2	注入量为 0.106HCPV； 闷井时间为 20min； 采液速度为 1.5MPa	含油饱和度	35%
3			45%
4			55%
5			0.083HCPV
6	含油饱和度为 35%； 闷井时间为 20min； 采液速度为 1.5MPa	注入量	0.106HCPV
7			0.151HCPV
8			0.191HCPV
9			5min
10	含油饱和度为 35%； 注入量为 0.106HCPV； 采液速度为 1.5MPa	闷井时间	10min
11			20min
12			40min
13			1.5MPa
14	含油饱和度为 35%； 注入量为 0.106HCPV； 闷井时间为 20min	采液压差	1.0MPa
15			0.5MPa
16			0MPa

3.2.2　实验步骤

1. 模型

实验采用 500 目石英砂填砂模型制作平板模型模拟鄂尔多斯盆地延长油田储层。井网采用菱形五点井网，模型满足以下要求：

（1）模型平均渗透率为 10～30mD，以 x 和 y 方向渗透率接近一致的平板模型来模拟均质型储层。

（2）模型边界无流体流出或者流入，为减小边界影响，模型边界为井网单元中的流线。

（3）物理模型通过对称原则能代表整个井网单元。

设计平板大小为 35cm×35cm×10cm，实验所使用的流体及岩石物性和目标油藏实际情况尽量相同，原油密度为 0.8g/cm³，原油黏度为 4.3mPa·s，原始油藏压力为 5.28MPa，模型填砂后渗透率为 13.6mD，孔隙度为 0.146，长对角线井距由 300m 等比例缩小到 15cm，菱形五点井网（中注边采）短对角线井距由 200m 等比例缩小到 10cm，裂缝半长等比例缩小到 2.5cm。平板井网示意图如图 3-2 所示。

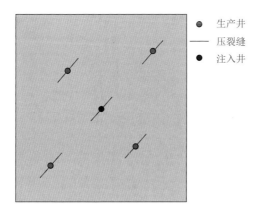

图 3-2　蓄能增渗平板井网示意图

2. 实验步骤

（1）制作低渗透率填砂模型，并在平板模型上刻画出一口注入井（中间井为注入井），四口生产井（边角为生产井），均为直井，模拟井网单元尽量布置在模型中央，注入井埋深在模型中间位置，直井压裂，裂缝用渗透板模拟，模拟蓄能实验。

（2）用真空泵将模型抽真空，使真空度达到–0.08MPa。

（3）在平板模型表面沿注入井和生产井周围均匀布置高精度压力传感器以及电阻探针，分别用来采集各点压力数据以及饱和度数据，平板模型压力测试点位图如图 3-3 所示。

（4）用常规方式制饱和油，待注入油量达到模型内孔隙体积的不同比例时停止，制成不同含油饱和度的模型，且原油尽量在模型中均匀分布，并使整个模型内压力达到 5.28MPa。

（5）饱和原油后，打开生产井开始生产，记录产油量、压力场以及含油饱和度场变化。

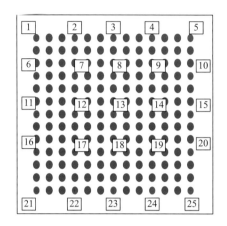

图 3-3　蓄能增渗平板模型压力测试点位图

（6）当产量大幅下降且趋于平缓后，打开生产井快速注水并关闭生产井，到地层压力恢复到一定水平后关闭，并进行闷井。

（7）闷井时通过布置的高精度传感器监测平板模型压力变化，通过电阻探针观察饱和度场变化，用高清摄像头记录实验全过程。

（8）闷井结束，打开生产井，在生产井口安装止回阀、生产井井底流压生产及回压阀，每分钟记录产油量、产水量一次（若每分钟流速太慢，可适当延长记录间隔时间），生产 220min 后结束实验，根据压力探针观察压力场变化，根据电阻探针获得含油饱和度场图，用相机记录生产过程中油水前缘变化。

（9）实验结束，生成实验报告。

3.2.3　不同含油饱和度蓄能增渗平板实验研究

1. 实验设计

通过建立蓄能增渗平板实验，先衰竭开采至地层压力为 30%，注水 10min，闷井 20min，然后再衰竭开采，分别观察不同含油饱和度下，各个阶段下压力场图和含油饱和度场图。不同含油饱和度实验参数如表 3-3 所示。

表 3-3　不同含油饱和度实验参数表

参数	值	参数	值
油密度/(kg/m³)	827	水密度/(kg/m³)	1000
油黏度/(Pa·s)	0.00413	水黏度/(Pa·s)	0.001
裂缝开度/mm	1	裂缝渗透率/mD	150000
孔隙度	0.146	长对角井距/cm	15

续表

参数	值	参数	值
基质渗透率/mD	13.6	短对角井距/cm	10
含油饱和度/%	25，35，45，55	裂缝半长/cm	2.5
地层原始压力/MPa	5.28	裂缝方位	NE75°
模型 X/cm	35	注入量/HCPV	0.148，0.106，0.082，0.067
模型 Y/cm	35	闷井时间/min	20
模型 Z/cm	10	采液压力/MPa	1.5
井网类型	菱形五点井网（中注边采）	生产时间/min	220

2. 实验分析

1）不同阶段场图分析

对平板装置内分布探针数据进行合理插值，可得到以下不同阶段含油饱和度场图与压力场图。

不同初始含油饱和度下的初始含油饱和度场如图 3-4 所示。不同初始含油饱和度下衰竭至地层压力 30%时（衰竭阶段）含油饱和度场与压力场图如图 3-5、图 3-6 所示。

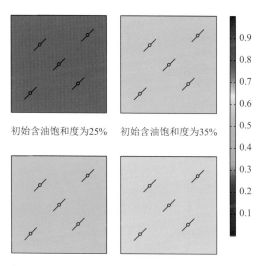

初始含油饱和度为25%　　初始含油饱和度为35%

初始含油饱和度为45%　　初始含油饱和度为55%

图 3-4　不同初始含油饱和度下的初始含油饱和度场图

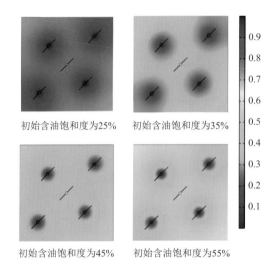

初始含油饱和度为25%　　初始含油饱和度为35%

初始含油饱和度为45%　　初始含油饱和度为55%

图 3-5　不同初始含油饱和度下衰竭后含油饱和度场图

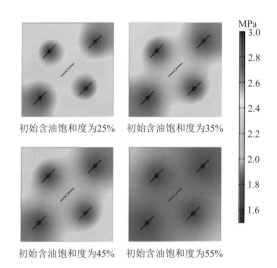

初始含油饱和度为25%　　初始含油饱和度为35%

初始含油饱和度为45%　　初始含油饱和度为55%

图 3-6　不同初始含油饱和度下衰竭后压力场图

由图 3-5 和图 3-6 可知：衰竭后主要是近井地带含油饱和度下降，且随含油饱和度升高，压力下降所需时间变长，下降后压力场更为均匀，低压力区域所占面积更大。在不同含油饱和度下进行蓄能增渗平板实验，由于原油黏度较高，密度较低，含油饱和度越高，初始阶段产油率越高，含水率越低，因此在初始衰竭开采阶段压力下降越慢，压力分布越均匀。

不同初始含油饱和度下衰竭至地层压力 30%后注水 10min（注水阶段）的含油饱和度场与压力场如图 3-7、图 3-8 所示。

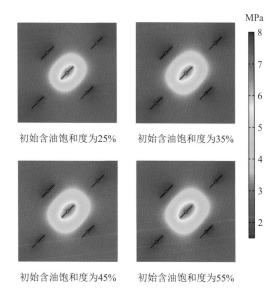

初始含油饱和度为25%　　　初始含油饱和度为35%

初始含油饱和度为45%　　　初始含油饱和度55%

图 3-7　不同初始含油饱和度下注水后压力场图

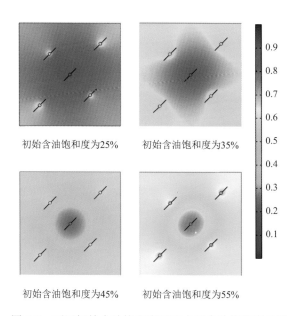

初始含油饱和度为25%　　　初始含油饱和度为35%

初始含油饱和度为45%　　　初始含油饱和度55%

图 3-8　不同初始含油饱和度下注水后含油饱和度场图

由图 3-7 和图 3-8 可知：在注水阶段，注入水沿注入井裂缝周围驱替原油。初始含油饱和度越高，注水后压力扩散范围和波及面积越大，周围 4 口生产井产油量越高，剩余油饱和度越小。

不同初始含油饱和度情况下闷井 20min 后（闷井阶段）压力场与含油饱和度场图如图 3-9、图 3-10 所示。

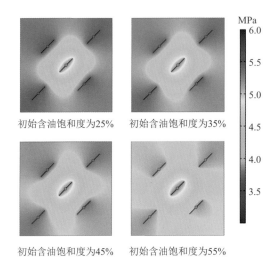

初始含油饱和度为25%　　初始含油饱和度为35%

初始含油饱和度为45%　　初始含油饱和度为55%

图 3-9　不同初始含油饱和度下闷井后压力场图

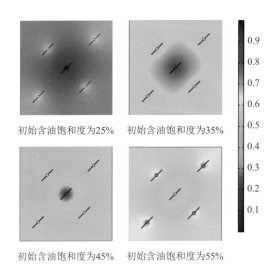

初始含油饱和度25%　　初始含油饱和度35%

初始含油饱和度45%　　初始含油饱和度55%

图 3-10　不同初始含油饱和度下闷井后含油饱和度场图

由图 3-9、图 3-10 可知：在闷井阶段，经过 20min 闷井后压力扩散至井网周围。初始含油饱和度越高，闷井后能量传递效果越明显，压力波及范围越大，含油饱和度分布越均匀。

不同初始含油饱和度情况下再衰竭开采后（生产阶段）的压力场与含油饱和度场图如图 3-11、图 3-12 所示。

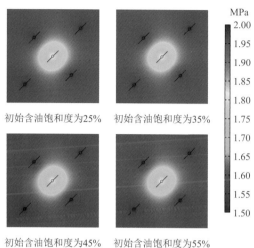

图 3-11   不同初始含油饱和度下生产后压力场图

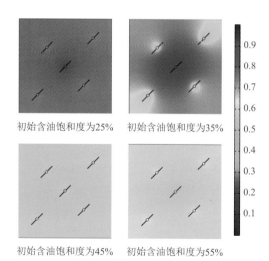

图 3-12   不同初始含油饱和度下生产后含油饱和度场图

由图 3-11、图 3-12 可知：初始含油饱和度越高，生产阶段产油量越高，压力场和含油饱和度场变化越快，蓄能增渗效果更明显。

2）实验数据分析

通过对实验过程中所采集原始数据进行处理计算，得出不同含油饱和度下采出程度结果如表 3-4 所示。

表 3-4　不同含油饱和度采出程度结果

时间点/min	采出程度/%			
	含油饱和度 25%	含油饱和度 35%	含油饱和度 45%	含油饱和度 55%
10	1.85	2.16	1.94	2.33
20	2.97	3.43	3.37	4.04
30	3.70	4.23	4.51	5.41
40	4.33	5.03	5.40	6.48
50	4.82	5.51	6.07	7.28
60	5.01	5.75	6.56	7.88
70	5.10	5.91	6.91	8.30
80	5.12	5.99	7.30	8.59
90	5.12	6.07	7.48	8.79
100	5.12	6.07	7.48	8.96
110	5.12	6.07	7.48	8.96
120	5.12	6.07	7.48	8.96
130	6.78	7.67	9.07	8.96
140	7.67	9.03	10.37	10.86
150	8.81	10.14	11.57	12.29
160	9.62	10.94	12.57	13.88
170	10.18	11.61	13.36	15.09
180	10.47	12.04	14.02	16.02
190	10.65	12.28	14.55	16.77
200	10.74	12.44	14.85	17.27
210	10.78	12.48	14.87	17.59
220	10.78	12.48	14.87	17.69

由表 3-4、图 3-13～图 3-16 可知：随含油饱和度增高，稳产时间更长，采出程度逐渐升高，含水率逐渐降低，产油速度升高；不同含油饱和度 25%、35%、

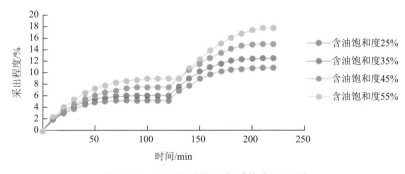

图 3-13　不同含油饱和度采收率对比图

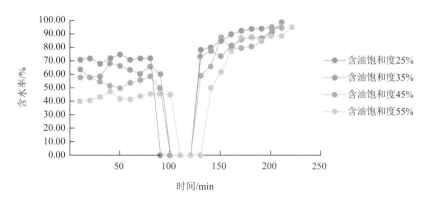

图 3-14　不同含油饱和度含水率对比图

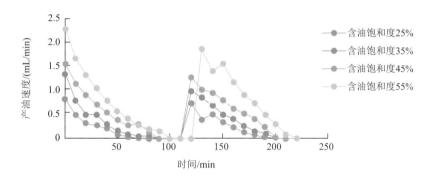

图 3-15　不同含油饱和度产油速度对比图

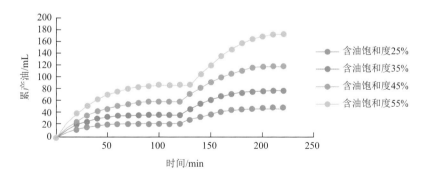

图 3-16　不同含油饱和度累产油对比图

45%、55%衰竭式开采采出程度分别为 5.01%、6.07%、7.48%、8.96%，蓄能后采出程度分别提高至 10.78%、12.48%、14.87%、17.69%。

3.2.4 不同注入量蓄能增渗平板实验研究

1. 实验设计

通过建立蓄能增渗平板实验，先衰竭开采至地层压力为 30%，注水使地层压力恢复到 60%、80%、100%、120%（注入量分别为 0.083HCPV[①]、0.106HCPV、0.151HCPV、0.191HCPV），闷井 20min，然后再衰竭开采。分别观察在不同注入量下，注入阶段后压力场和含油饱和度场变化。不同注入量实验参数如表 3-5 所示。

表 3-5　不同注入量实验参数表

参数	值	参数	值
油密度/(kg/m³)	827	水密度/(kg/m³)	1000
油黏度/(Pa·s)	0.00413	水黏度/(Pa·s)	0.001
裂缝开度/mm	1	裂缝渗透率/mD	150000
孔隙度	0.146	长对角井距/cm	15
基质渗透率/mD	13.6	短对角井距/cm	10
含油饱和度/%	35	裂缝半长/cm	2.5
地层原始压力/MPa	5.28	裂缝方位	NE75°
模型 X/cm	35	注入量/HCPV	0.083，0.106，0.151，0.191
模型 Y/cm	35	闷井时间/min	20
模型 Z/cm	10	采液压力/MPa	1.5
井网类型	菱形五点井网（中注边采）	生产时间/min	220

2. 实验分析

1）不同阶段场图分析

对平板装置内分布探针数据进行合理插值，可得到以下不同阶段含油饱和度场图与压力场图。

注入阶段压力场图与饱和度场图如图 3-17、图 3-18 所示。

由图 3-17 和图 3-18 可知：注水后注入井周围含油饱和度降低，水相从注入井裂缝波及四周且随注水量上升，平板整体压力场更高，高压扩散范围更大。分析可得在注水阶段，由于其他条件相同，因此注入量越大，地层压力补充越大，注入能量越多，促使压力向周边扩散，因而注入量越大，水相波及系数越大，压力扩散面积更广。

注：① HCPV 指烃类占据的孔隙体积。

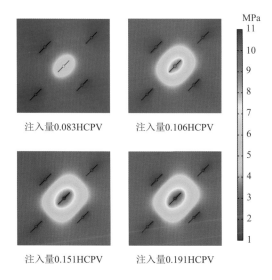

图 3-17　不同注入量下注入后压力场图

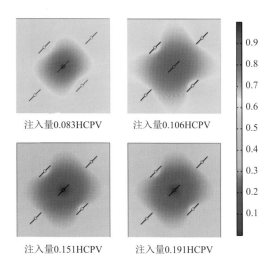

图 3-18　不同注入量下注水后含油饱和度场图

　　闷井阶段压力场与饱和度场图如图 3-19、图 3-20 所示。

　　由图 3-19 和图 3-20 可知：闷井后注入量越高，整体压力场越高，压力补充越明显。分析可得，在闷井阶段，由于其他条件相同，注入量越大，地层压力补充越大，注入能量越多，促使压力向周边扩散，水相波及系数越大，压力扩散面积更广；在闷井后压力扩散更加明显，地层中压力分布均匀，注入量越小，波及面积越小，压力扩散困难，闷井时并无足够能量扩散到整个地层。

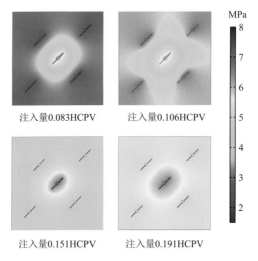

注入量0.083HCPV　　　　　注入量0.106HCPV

注入量0.151HCPV　　　　　注入量0.191HCPV

图 3-19　不同注入量下闷井后压力场图

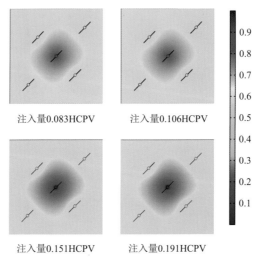

注入量0.083HCPV　　　　　注入量0.106HCPV

注入量0.151HCPV　　　　　注入量0.191HCPV

图 3-20　不同注入量下闷井后含油饱和度场图

　　生产阶段压力场图与饱和度场图如图 3-21、图 3-22 所示。

　　由图 3-21 和图 3-22 可知：由于初始衰竭开采阶段各项参数相同，因此无第一阶段压力场图，在不同注入量参数下，注水阶段随注入量增大注水后压力波及范围增大，压力扩散明显，在闷井阶段，随注入量增大，闷井后能量补充更为明显，由于注入高能流体后压力主要集中在注入井附近，所以再次生产后注入量越高，地层中心注入井周围压力越高，地层压力水平更高，原油采出更加彻底，储层剩余油更少，采出程度更高，蓄能效果更加明显。

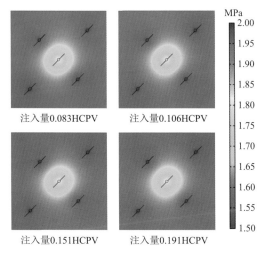

图 3-21 不同注入量下生产后压力场图

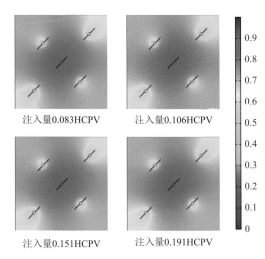

图 3-22 不同注入量下生产后含油饱和度场图

2）实验数据分析

通过对实验过程中所采集原始数据进行处理计算，得出不同注入量采出程度结果如表 3-6 所示。

表 3-6 不同注入量采出程度结果

时间点/min	采出程度/%			
	0.083HCPV	0.106HCPV	0.151HCPV	0.191HCPV
10	2.08	2.16	2.16	2.11
20	3.48	3.43	3.51	3.51

续表

时间点/min	采出程度/%			
	0.083HCPV	0.106HCPV	0.151HCPV	0.191HCPV
30	4.33	4.23	4.47	4.31
40	5.00	5.03	5.27	4.98
50	5.50	5.51	5.67	5.43
60	5.86	5.75	5.83	5.75
70	6.13	5.91	5.96	5.91
80	6.31	5.99	6.04	6.02
90	6.44	6.07	6.07	6.07
100	6.44	6.07	6.07	6.07
110	6.44	6.07	6.07	6.07
120	6.44	6.07	6.07	6.07
130	7.41	7.67	7.83	7.95
140	8.19	9.03	9.23	9.45
150	8.88	10.14	10.46	10.77
160	9.50	10.94	11.34	11.71
170	9.98	11.61	12.04	12.46
180	10.34	12.04	12.52	12.97
190	10.59	12.28	12.78	13.25
200	10.77	12.44	12.96	13.44
210	10.89	12.48	13.08	13.57
220	10.89	12.48	13.08	13.57

由表 3-6、图 3-23~图 3-27 可以看出，随注入量增高，蓄能后采出程度提升明显，注入量越高，蓄能后含水率上升越快。分析可知：注入量升高后地层压力提升明显，采出程度提升明显，蓄能后效果更好，但随注入量升高，对采出程度提升幅度减小，注水使地层压力恢复到 60%、80%、100%、120%后闷井采出程度较衰竭式分别提高 4.45、6.41、7.01、7.50 个百分点，因此优选的注入量为恢复地层压力至 80%（注入量 0.106HCPV）。

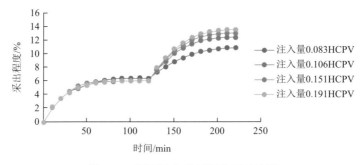

图 3-23　不同注入量下采收率对比图

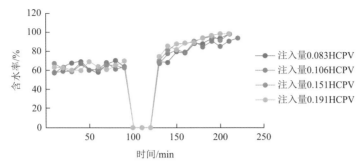

图 3-24　不同注入量下含水率对比图

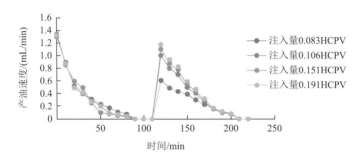

图 3-25　不同注入量下产油速度对比图

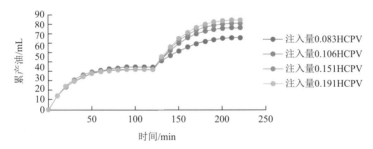

图 3-26　不同注入量下累产油对比图

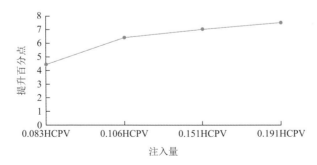

图 3-27　不同注入量下提升幅度对比图

3.2.5 不同闷井时间蓄能增渗平板实验研究

1. 实验设计

通过建立蓄能增渗平板实验，先衰竭开采至地层压力为 30%，注水 10min，分别闷井 5min、10min、20min、40min，然后再衰竭开采。分别观察闷井阶段不同闷井时间下，闷井阶段后压力场和含油饱和度场变化以及对采出程度、含水率和蓄能增渗效果的影响。不同闷井时间实验参数如表 3-7 所示。

表 3-7 不同闷井时间实验参数表

参数	值	参数	值
油密度/(kg/m³)	827	水密度/(kg/m³)	1000
油黏度/(Pa·s)	0.00413	水黏度/(Pa·s)	0.001
裂缝开度/mm	1	裂缝渗透率/mD	150000
孔隙度	0.146	长对角井距/cm	15
基质渗透率/mD	13.6	短对角井距/cm	10
含油饱和度/%	35	裂缝半长/cm	2.5
地层原始压力/MPa	5.28	裂缝方位/(°)	NE75
模型 X/cm	35	注入量/HCPV	0.106
模型 Y/cm	35	闷井时间/min	5，10，20，40
模型 Z/cm	10	采液压力/MPa	1.5
井网类型	菱形五点井网（中注边采）	生产时间/min	240

2. 实验分析

1）不同阶段场图分析

对平板装置内分布探针数据进行合理插值，可得到以下不同阶段含油饱和度场图与压力场图。

闷井阶段压力场图与含油饱和度场图如图 3-28 和图 3-29 所示。

由图 3-28 和图 3-29 可知，在闷井时间差较小时，闷井效果随闷井时间变化并不明显，在闷井时间差增大以后，合理的闷井时间使得注入水在地层中波及范围更广，压力扩散面积更大，地层中闷井后压力场和含油饱和度场分布更加均匀。

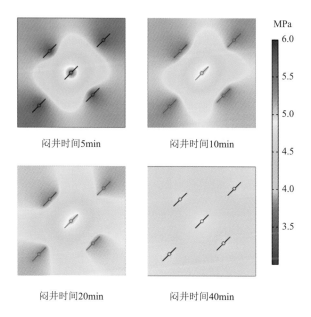

图 3-28 不同闷井时间下闷井阶段压力场图

生产阶段压力场图与含油饱和度场图如图 3-30 和图 3-31 所示。

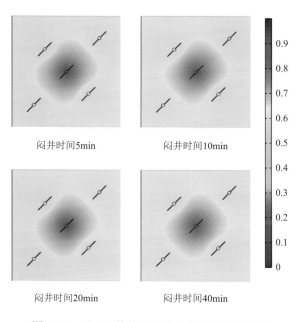

图 3-29 不同闷井时间闷井后含油饱和度场图

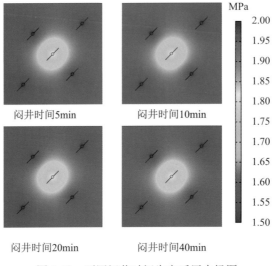

图 3-30　不同闷井时间生产后压力场图

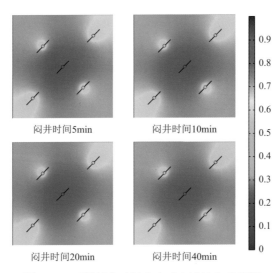

图 3-31　不同闷井时间生产后含油饱和度场图

由图 3-30、图 3-31 可知，在闷井时间差较小时，闷井后蓄能开采效果随闷井时间变化并不明显，再次生产后含油饱和度场并无明显差异，在闷井时间差增大以后，合理的闷井时间使注入水在地层中波及范围更广，压力扩散面积更大，地层中闷井后压力场分布更加均匀，开采后效果相对于短时间闷井更好。

2）实验数据分析

通过对实验过程中所采集原始数据进行处理计算，得出不同闷井时间采出程度结果（图 3-32～图 3-36）。

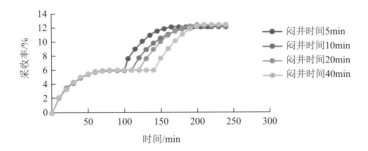

图 3-32　不同闷井时间采收率对比图

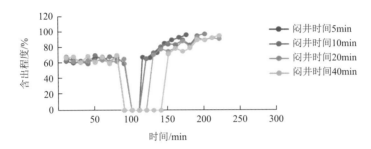

图 3-33　不同闷井时间含水率对比图

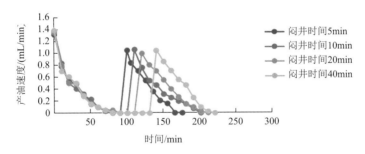

图 3-34　不同闷井时间产油速度对比图

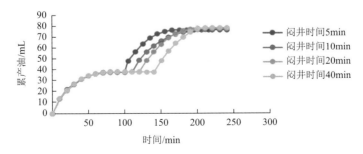

图 3-35　不同闷井时间累产油对比图

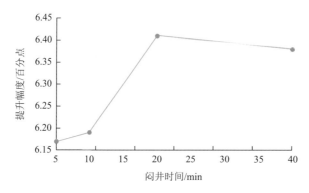

图 3-36　不同闷井时间下提升幅度对比图

由图 3-32～图 3-36 可知，同等条件下，选取合适的闷井时间对蓄能后压力的扩散和波及较为重要，过短的闷井时间会使压力扩散不完全，过长的闷井时间会占用生产时间，且对采出效果提升无效，最终优选出闷井时间为 20min 时，蓄能效果最好。

3.2.6　不同采液压力蓄能增渗平板实验研究

1. 实验设计

通过建立蓄能增渗平板实验，先衰竭开采至地层压力为 30%，注水 10min，闷井 20min，改变不同采液压力（1.5MPa、1.0MPa、0.5MPa、0MPa）再衰竭开采。分别观察采液阶段不同采液速度下，采液阶段压力场变化和含油饱和度场变化以及对采出程度、含水率和蓄能增渗效果的影响。不同采液速度实验参数如表 3-8 所示。

表 3-8　不同采液压力实验参数表

参数	值	参数	值
油密度/(kg/m³)	827	水密度/(kg/m³)	1000
油黏度/(Pa·s)	0.00413	水黏度/(Pa·s)	0.001
裂缝开度/mm	1	裂缝渗透率/mD	150000
孔隙度	0.146	长对角井距/cm	15
基质渗透率/mD	13.6	短对角井距/cm	10
含油饱和度/%	35	裂缝半长/cm	2.5
地层原始压力/MPa	5.28	裂缝方位/(°)	NE75

续表

参数	值	参数	值
模型 X/cm	35	注入量/HCPV	0.106
模型 Y/cm	35	闷井时间/min	20
模型 Z/cm	10	采液压力/MPa	0，0.5，1.0，1.5
井网类型	菱形五点井网（中注边采）	生产时间/min	220

2. 实验分析

1）不同阶段场图分析

不同采液压力生产后压力场图与含油饱和度场图如图 3-37 和图 3-38 所示。

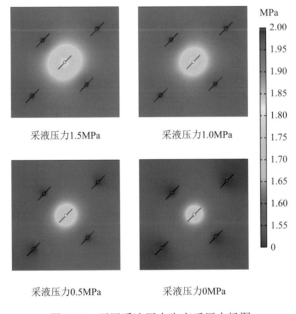

采液压力1.5MPa　　　　　采液压力1.0MPa

采液压力0.5MPa　　　　　采液压力0MPa

图 3-37　不同采液压力生产后压力场图

由图 3-37、图 3-38 可知：同等条件下，采液压差越大，生产后生产井周围压力越低，生产后地层能量消耗越多，地层压力水平越低，地层中原油采出更加彻底，储层剩余油含量越低。

2）实验数据分析

通过对实验过程中所采集原始数据进行处理计算，得出不同采液压力采出程度结果如表 3-9 所示。

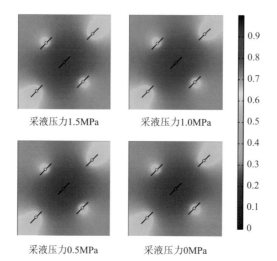

采液压力1.5MPa　　　采液压力1.0MPa

采液压力0.5MPa　　　采液压力0MPa

图 3-38　不同采液压力生产后含油饱和度场图

表 3-9　不同采液压力采出程度结果

时间点/min	采出程度/%			
	1.5MPa	1.0MPa	0.5MPa	0MPa
10	2.16	2.17	2.17	2.09
20	3.43	3.42	3.61	3.39
30	4.23	4.22	4.25	4.44
40	5.03	4.98	4.98	5.18
50	5.51	5.46	5.46	5.54
60	5.75	5.77	5.77	5.78
70	5.91	5.93	5.93	5.88
80	5.99	6.02	6.02	6.01
90	6.07	6.04	6.04	6.02
100	6.07	6.04	6.04	6.02
110	6.07	6.04	6.04	6.02
120	6.07	6.04	6.04	6.02
130	7.67	7.81	8.08	8.18
140	9.03	9.23	9.65	9.76
150	10.14	10.43	10.99	10.97
160	10.94	11.39	12.16	11.87
170	11.61	12.14	13.00	13.04
180	12.04	12.59	13.51	13.67
190	12.28	13.16	13.63	14.19
200	12.44	13.21	13.72	14.38
210	12.48	13.24	13.74	14.46
220	12.48	13.24	13.74	14.46

由图 3-39～图 3-43 可知：闷井蓄能采用不同采液压力 1.5MPa、1.0MPa、0.5MPa、0MPa 衰竭开采，采出程度较衰竭式分别提高 6.41 个百分点、7.20 个百分点、7.70 个百分点、8.44 个百分点，最终优选采液压力为 0MPa（生产压差为 4.28MPa），但在实际生产过程中，应防止过高的采液压差导致裂缝间窜流，从而降低注入水波及效率。

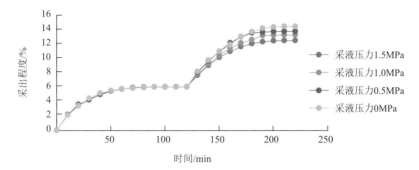

图 3-39　不同采液压力采出程度对比图

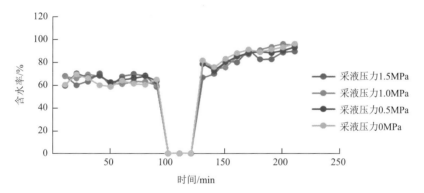

图 3-40　不同采液压力含水率对比图

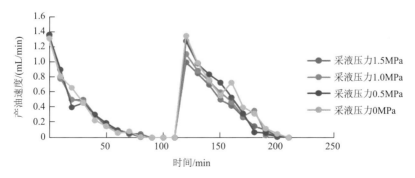

图 3-41　不同采液压力产油速度对比图

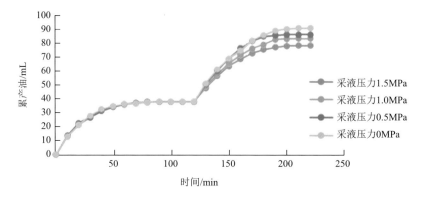

图 3-42　不同采液压力累产油对比图

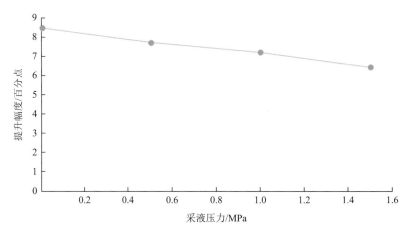

图 3-43　不同采液压力提升幅度对比图

3.2.7　单轮次蓄能增渗方式平板实验研究

设计单轮次正向、反向蓄能增渗平板实验，分别观察不同蓄能方式条件下的初始压力场、注采过程中压力场、闷井后压力场、生产后压力场、采收率变化曲线，研究蓄能方式对波及范围、产量的影响。单轮次不同蓄能方式实验参数如表 3-10 所示。

表 3-10　单轮次不同蓄能方式实验参数表

参数	值	参数	值
孔隙度	0.2	裂缝半长/cm	6

续表

参数	值	参数	值
渗透率/mD	5	裂缝间距/cm	8
含油饱和度/%	53	裂缝条数/条	3
地层原始压力/MPa	6	布缝方式	等长型
模型 X/cm	50	注入速度/(mL/min)	0.14
模型 Y/cm	38	闷井时间/min	20
模型 Z/cm	10	注入量/mL	28
水平段段长/cm	25	生产时间/min	200
井网模型	联合五点井网	蓄能方式	正/反向

由图 3-44 和图 3-45 可以看出，压裂水平井注入，可以提高原油的波及面积，但是直井作为生产井，产能有限。对比不同蓄能方式下的采出程度如图 3-46 所示，反向蓄能增渗提高累产油量效果有限，大量原油集中在四口直井生产井附近无法采出，联合五点井网正向蓄能增渗效果优于反向蓄能增渗效果。

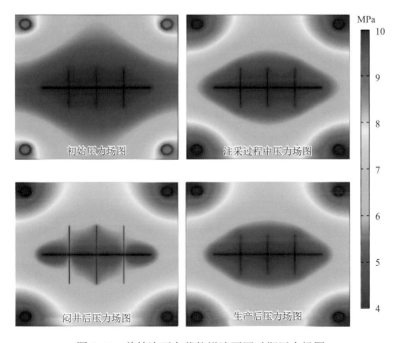

图 3-44　单轮次正向蓄能增渗不同时期压力场图

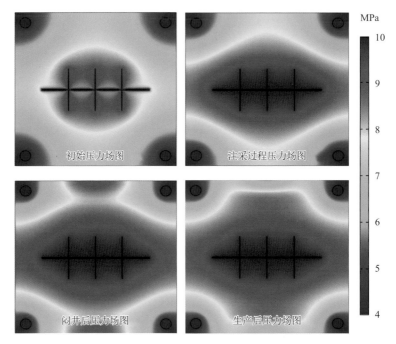

图 3-45 单轮次反向蓄能增渗不同时期压力场图

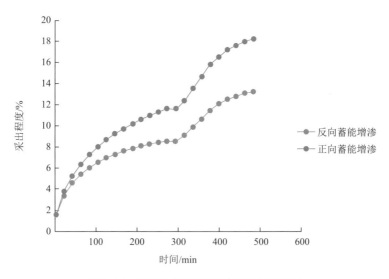

图 3-46 不同蓄能方式下采出程度对比图

3.2.8 单轮次蓄能增渗不同注入量平板实验研究

设计单轮次不同注入量蓄能增渗平板实验,分别观察不同注入量条件下的初始压力场、注采过程中压力场图、闷井后压力场、生产后压力场，采出程度变化曲线，研究注入量对波及范围、产量的影响。单轮次不同注入量实验参数如表 3-11 所示。

表 3-11　单轮次不同注入量实验参数表

参数	值	参数	值
孔隙度	0.2	裂缝半长/cm	6
渗透率/mD	5	裂缝间距/cm	8
含油饱和度/%	53	裂缝条数/条	3
地层原始压力/MPa	6	布缝方式	等长型
模型 X/cm	50	注入速度/(mL/min)	0.14/0.2
模型 Y/cm	38	闷井时间/min	20
模型 Z/cm	10	注入量/mL	28/40
水平段段长/cm	25	生产时间/min	200
井网模型	联合五点井网	蓄能方式	正向

由图 3-47 和图 3-48 可以看出，当注入速度为 0.2mL/min 时，注采过程中的压力场以及闷井后压力场都比注入速度为 0.14mL/min 时的高，说明注入速度越大，补充的能量越充足，且注入速度为 0.2mL/min 时，闷井后的压力分布更加均匀，只有生产井附近压力较低。不同注入速度下采出程度对比如图 3-49 所示，对比发现，注入速度越大，采收率越高。

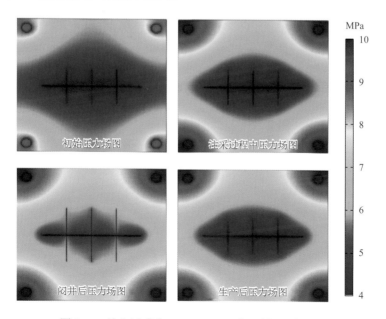

图 3-47　注入速度为 0.14mL/min 不同时期压力场图

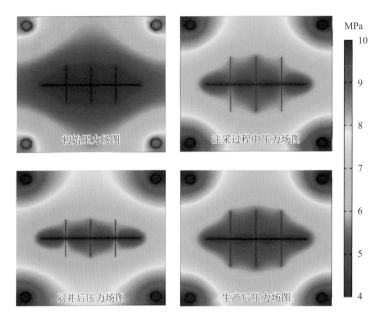

图 3-48　注入速度为 0.2mL/min 不同时期压力场图

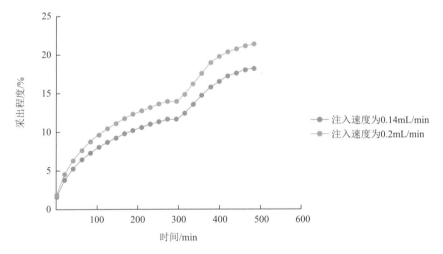

图 3-49　不同注入速度下采出程度对比图

第 4 章　低渗透油藏蓄能增渗微观渗流机理

从第 3 章研究区块储层岩心驱替实验可以看出，当研究区域的储层岩心进入中高含水期，含水率迅速攀升并超过 80%。此阶段，原油产量显著减少，维持稳定生产的难度加大。这些油藏的孔隙和喉道结构错综复杂，导致油气流动通道狭窄。流体与岩石间的相互作用以及不同流体间的界面作用显著，增加了渗流的阻力。众多影响因素使得这些油藏的产油量低，产量下降趋势明显，且难以长期稳定生产，开发成效不理想。低渗透油藏蓄能增渗开发过程中的渗流特征、开发效果与储层微观孔喉结构特征密切相关，目前，对微观孔喉结构的研究已经能够进行定量分析，揭示孔喉参数与水驱油过程之间的关系。本章将采用 COMSOL Multiphysics 软件对低渗透油藏油水分布和运移规律进行研究，采用 COMSOL Multiphysics 软件模拟岩石孔隙中的微观驱替不仅可以构建实验尺度中难以达到的孔隙大小，而且可以更加直观地观察到孔隙空间中的油水分布特征、油水运动特征以及残余油的分布特征，从而为理论研究提供依据。

4.1　软　件　简　介

COMSOL Multiphysics 是一款功能强大的商业有限元分析软件，它以有限元算法为基础，通过求解偏微分方程（单场）或偏微分方程组（多场）来实现真实物理现象的仿真。从 20 世纪 70 年代开始，有限元法逐渐从固体力学领域扩展到其他需要求解微分方程的领域，如流体力学、传热学、声学等。这一发展历程与计算机技术的快速发展密不可分，因为有限元法需要进行大量的数值计算，而计算机的发展为这种计算提供了可能。

COMSOL Multiphysics 的一个主要优势是它能够实现多物理场的耦合。在实际的物理现象中，多个物理场之间往往存在相互作用，而 COMSOL Multiphysics 的多物理场模块可以方便地处理这种耦合仿真。

图形后处理功能：除了强大的物理场仿真能力外，COMSOL Multiphysics 还提供了丰富的图形后处理功能。用户可以使用内置的可视化工具来绘制模拟结果，如场分布、位移、应力等，这对于理解和分析模拟结果非常有帮助。

自定义偏微分方程：COMSOL Multiphysics 具有很高的灵活性和可扩展性。

除了软件自带的物理场模块外，用户可以自定义不同的偏微分方程，将其改写为矩阵形式导入软件，以满足特定的仿真需求。

应用领域：COMSOL Multiphysics 的应用领域非常广泛，涵盖了流体流动、热传导、结构力学、电磁分析等多种物理场。无论是工程领域还是科学研究领域，只要可以用求解微分方程的方式来解决，COMSOL Multiphysics 都可以派上用场。

4.2　模　型　原　理

在 COMSOL Multiphysics 软件中，对油水两相流动的数值模拟通常基于 Navier-Stokes 方程，并结合水平集（level set）函数来构建和追踪两相流的微观模型。这种方法利用有限元技术求解方程组。在模拟实验中，设定水作为润湿相，占据饱和孔隙和喉道，而油作为非润湿相。模拟中，水从模型左侧入口注入，替换孔隙内的油，油则从右侧出口排出。模型的左侧入口和右侧出口的压力分别保持恒定且相等，其他边界则无流体进出。孔隙壁被视为润湿壁，即流体在壁面法线方向的速度分量为零。通过水平集函数 φ 来定义油水两相流的体积分数，油相对应 $\varphi = 0$，水相对应 $\varphi = 1$。利用重新初始化的水平集函数值来追踪两相流界面，研究其动态特性。两相流界面的动态变化由以下方程描述：

$$\frac{\partial \varphi}{\partial t} + \mu \varphi = \gamma \nabla \left[\varepsilon \nabla \varphi - \varphi (1 - \varphi) \frac{\nabla \varphi}{|\nabla \varphi|} \right] \tag{4-1}$$

式中：φ——水平集函数；

　　　t——两相流驱替时间，s；

　　　γ——初始化参数（默认设置为 1m/s）；

　　　μ——流体黏度，mPa·s；

　　　ε——控制界面厚度的参数。

水平集函数 φ 不仅界定了流体的分界面，还用于表征流体的物理属性，如密度和黏度的突变。

$$\rho = \rho_o + (\rho_w - \rho_o) \varphi \tag{4-2}$$

$$\mu = \mu_o + (\mu_w - \mu_o) \varphi \tag{4-3}$$

式中：ρ——密度，kg/m³；

　　　ρ_w 和 ρ_o——水和油的密度，kg/m³；

　　　μ_w 和 μ_o——水和油的动态黏度，Pa·s。

由于流体的流速远低于声速，我们可以将水和油视为不可压缩流体。在这种情况下，Navier-Stokes 方程适用于描述这两相流体的质量和动量传递，同时考虑到界面张力的影响，这些方程表达为

$$\rho \partial u \partial t = \nabla\{-\rho I + \mu[\nabla u + (\nabla u)r]\} + \rho g + F_{st} + F \tag{4-4}$$

$$\nabla u = 0 \tag{4-5}$$

式中：r——液滴的半径，m；

g——重力加速度，单位为 m^2/s；

F_{st}——油水界面张力，N/m。

油水界面上的表面张力可表示为

$$F_{st} = \nabla T \tag{4-6}$$

$$T = \sigma(I - nn^{\mathrm{T}})\delta \tag{4-7}$$

式中：σ——界面张力系数，N/m；

n——界面法向的单位向量；

δ——界面上的狄拉克函数，m^{-1}。

垂直于界面的单位向量为

$$n = \frac{\nabla \varphi}{|\nabla \varphi|} \tag{4-8}$$

狄拉克函数 δ 在界面上的作用可以通过光滑函数近似：

$$\delta = \unicode{0x0182}|\nabla \varphi|\varphi(1-\varphi)| \tag{4-9}$$

4.3 模型建立及设置

4.3.1 模型建立

为了更好地贴合研究目标区块实际储层特征，选用第 2 章薄片实验中岩心真实薄片图像来进行微观渗流模型的刻画，根据岩石真实薄片图像设计微观模型高度为 300μm，宽为 400μm。将岩石真实薄片图像分为 I 类孔隙结构和 II 类孔隙结构（图 4-1、图 4-2），并对其进行不同注入压力条件下微观渗流模拟，以模拟蓄能增渗注入和闷井过程中注入水从注入井高压区域向低压区域扩散的过程，观察微观渗流过程中的油水运移及剩余油分布。

模型建立初始步骤是对岩石铸体薄片图像进行灰度图转换，以便更好地进行后续的图像处理。接着，对灰度图像执行分割操作，以便识别和提取孔隙网络。分割后的图像数据随后被导入 AutoCAD 软件，根据实际比例重建岩石的孔隙结构模型。完成模型构建后，将 CAD 文件导出为 DXF 格式后再导入 COMSOL Multiphysics 软件中，以便定义计算域。

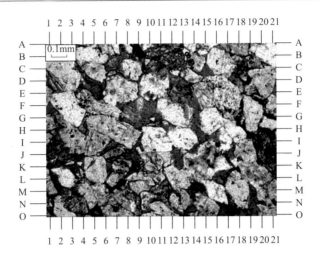

(a) Ⅰ类岩石薄片图像

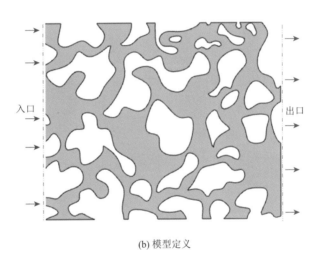

(b) 模型定义

图 4-1 Ⅰ类岩石分割处理结果图像

在 COMSOL Multiphysics 软件中，需要对物理场、初始条件、流体特性等参数进行详细设置。模型的边界条件设定左侧作为流体的入口，右侧作为出口，而岩石颗粒所在的闭合区域则被视为实体部分，为其添加润湿壁条件以模拟真实岩石颗粒（蓝色线条为润湿壁）。除了实体区域外，其余的连通区域代表孔隙和喉道，这些区域被定义为求解域。

在模型设置完成后，还需进行网格划分。为了提高计算精度，需要对孔隙喉道及靠近孔隙壁的区域进行网格加密，以确保在进行流体流动和传输等模拟时，模型能够准确地反映岩石孔隙结构的特性。

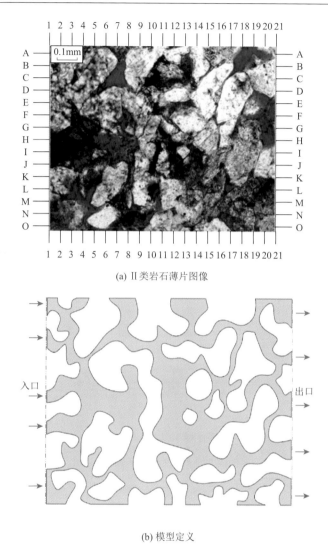

(a) Ⅱ类岩石薄片图像

(b) 模型定义

图 4-2 Ⅱ类岩石分割处理结果图像

4.3.2 网格划分

有限元分析是一种数值解法，它通过近似技术来解决微分方程问题。这种方法将复杂的系统分解为许多简化的子部分，即有限元。当这些子部分足够细小时，可以用简单的函数（如线性或二次函数）来近似描述每个元素的行为，进而对整个系统进行数学分析。

在进行网格划分时，要确保每个元素内的物理场变化不大，以避免在求解过程中出现数值误差，导致结果不收敛或计算失败。COMSOL Multiphysics 提供了基于物理场特性的自动网格划分功能，同时允许用户根据经验手动划分网格。划分完成后，需要统计网格信息并对网格质量进行评估。网格质量的评估涉及对最小元素质量的检查，理想情况下，最小元素质量应接近 1，表示网格划分得当。在实际应用中，二维模型的最小元素质量通常要求在 0.3 以上，而三维模型则在 0.1 以上，以确保模拟的准确性。

表 4-1 展示了模型的网格统计信息。从表 4-1 中可以观察到，模型被划分为 23989 个三角形单元，2866 个边单元，以及 2240 个顶点单元。单元质量的评估显示，最小单元质量达到了 0.3492，高于 0.1，平均单元质量为 0.8494，接近理想值 1，表明网格具有较好的质量。

表 4-1　Ⅰ类储层网格信息表

网格统计信息		域单元统计信息	
类型	数值	类型	数值
完整网格/个	13373	单元	23989
三角形/个	23989	最小单元质量	0.3492
边单元/个	2866	平均单元质量	0.8494
顶点单元/个	2240	单元体积比	0.2362

4.3.3　储层岩心相渗测定

1. 实验条件及设备

实验条件：温度为 20℃，压力为 6MPa。
测试液体：配置地层水，黏度为 4.94mPa·s 的白油。
实验设备：ISCO 恒流恒压泵：流量精度为 0.1%，最大压力为 60MPa；
　　　　　精密压力表：均为 0.4 级；
　　　　　流量计：采用皂膜流量计；
　　　　　岩心夹持器：拟三轴应力夹持器。

2. 实验步骤

（1）抽提清洗岩心，烘干岩心，抽真空饱和水（或油）。
（2）将岩心放入岩心夹持器内，测定单相水（或油）渗透率。
（3）用微量泵以恒定的排量分别将油和水注入岩心。
（4）当岩样出口油、水流量分别等于注入的油、水流量时，表明岩心中油水两相达到稳定，由压力传感器测出岩样两端的压差，由油水计量器测量油和水的流量，并由累计产出的油水量，计算含水饱和度。

（5）根据以上数据可算出一个含水饱和度下的油、水相对渗透率。

（6）改变油、水微量泵的排量，即改变注入岩心的油水比例，重复上述（3）～（5）过程，得到另一个含水饱和度下的油、水相对渗透率。

（7）多次重复以上过程，便可得到一组含水饱和度下的油、水相对渗透率，从而得到相对渗透率曲线。

3. 实验结果

地层压力为 6MPa 时油、水相对渗透率曲线图如图 4-3 所示，图像呈典型的油水相对渗透率曲线，即 X 形交叉曲线。其纵坐标为油相和水相的相对渗透率（K_{ro}，K_{rw}），横坐标为含水饱和度。

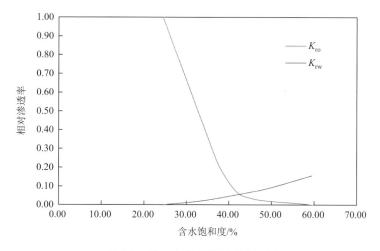

图 4-3　油、水相对渗透率曲线图

4.4　Ⅰ 类孔隙结构下不同压力蓄能增渗微观研究

本节通过对不同压力条件下蓄能增渗水驱过程中流体的运动进行模拟，研究低渗透油藏不同压力条件下蓄能增渗过程中油水运移及最终分布，为挖掘剩余油提供依据。

4.4.1　模拟设计

Ⅰ 类孔隙结构为粒间溶孔、长石溶孔，孔道多为小孔道，入口处孔道半径相差较大，入口处存在大孔道，所需排驱压力较低，整体连通性较好，大孔道所占比例较大，首先通过稳定注入速度模拟确定其排驱压力范围，对应其压力范围设置 4 组不同压力条件下模拟设计，如表 4-2 所示。

表 4-2　不同压力条件下模拟设计

序号	压力条件/MPa	孔隙类型	含油饱和度/%
1	0.5	I 类	67
2	1.0	I 类	67
3	2.0	I 类	67
4	3.0	I 类	67

4.4.2　模拟结果及分析

1. 注入压力为 0.5MPa

注入压力为 0.5MPa 时不同阶段含油饱和度场图如图 4-4 所示。

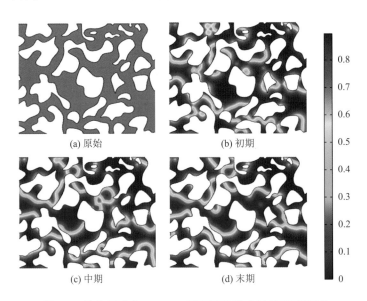

(a) 原始　　　　　　　　(b) 初期

(c) 中期　　　　　　　　(d) 末期

图 4-4　注入压力为 0.5MPa 时不同阶段含油饱和度场图

由图 4-4 可知，以注入压力为 0.5MPa 进行水驱模拟，驱替效率为 23.34%。模拟结果显示：水驱初期注入水主要沿孔道壁进行爬行，将孔道壁上的原油剥落到孔道中部；水驱中期注入水占据一定大孔道，逐渐进入孔隙结构中部，大孔喉通道内的原油顺着压力传递方向被首先驱出；水驱结束后，主要通道内仍有大量残余油未被驱替出，残余油主要以簇状和柱状的形式赋存。

根据模拟结果结合岩心驱替实验分析可知：当压力较小时，孔道内水相驱动较为缓慢，且采出原油主要为孔道壁周围原油；随着注入水的逐渐进入，更多的原油被驱替到小孔道中使得孔隙末端和盲端含油饱和度增加，这部分原油在当前驱替压力下无法被水驱出，导致在水驱末期，剩余油主要以柱状和簇状的形式赋存在孔隙盲端和末端，且大孔道内部原油并没有被完全驱替出。

2. 注入压力为 1.0MPa

以注入压力为 1.0MPa 进行水驱模拟，驱替效率为 36.25%。模拟结果（图 4-5）显示：随着水驱过程的不断进行，水驱初期注入水从大孔道进入孔隙，形成明显的指状驱替，将孔道中部的原油向前推进；在水驱中期注入水将中间孔道原油驱替出后形成一条高渗通道，注入水沿高渗通道流出，使得上方小孔道中的原油并没有得到有效的压力从而滞留在小孔道中；在水驱结束后，主要通道内原油基本被采出，残余油主要以绕流残余油和柱状残余油的形式赋存。

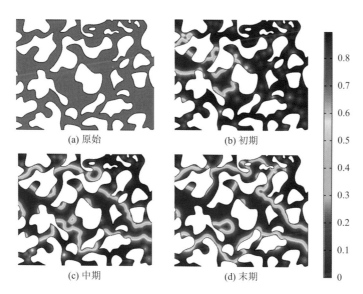

图 4-5　注入压力为 1MPa 时不同阶段含油饱和度场图

根据模拟结果并结合岩心驱替实验分析可知：当压力进一步加大时，孔道内水相驱动迅速，大孔道原油优先被驱替出。随着注入水的逐渐进入，更多的原油被驱替到小孔道中，使孔隙末端和盲端含油饱和度增加，这部分原油在当前驱替压力下无法被水驱出，导致在水驱过程末期，剩余油主要以绕流残余油和角隅残余油赋存在小孔隙中；大孔道中原油基本被驱替出，剩余部分原油以油膜形式赋存在孔隙壁上。

3. 注入压力为 2.0MPa

以注入压力为 2.0MPa 进行水驱模拟，驱替效率为 42.21%。模拟结果（图 4-6）显示，随着水驱过程的不断进行，水驱初期注入水从大孔道进入孔隙，将原油向前推进，形成明显的指状驱替，驱替前缘油水过渡带呈现活塞式将孔道中部的原油继续向前推进；在水驱中期，注入水将中间孔道原油驱替出后形成一条高渗通道，注入水沿高渗通道流出，模型上方和下方两条小孔道也被动用，注入水经过小孔道与高渗通道中的水在出口前一个孔喉汇聚；在水驱结束后，主要通道内原油基本被采出，模型上方和下方小孔道原油被驱替出一部分。

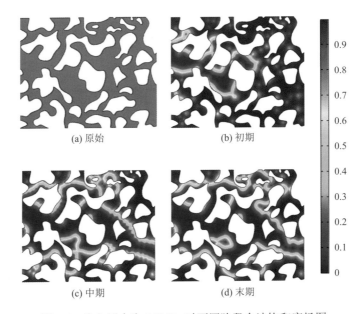

(a) 原始　　　　　　　　　　　(b) 初期

(c) 中期　　　　　　　　　　　(d) 末期

图 4-6　注入压力为 2.0MPa 时不同阶段含油饱和度场图

根据模拟结果，结合岩心驱替实验分析可知：当压力进一步加大时，注入水突破毛管力从大孔道和小孔道同时汇入，大孔道原油优先被驱替出；随着注入水的逐渐进入，一部分原先存在于小孔道中未被注入水波及的原油从小孔道中被驱替到大孔道内，但仍有一部分原油从小孔道被驱替到孔隙末端，始终无法被注入水波及，这导致在水驱过程末期，剩余油主要以柱状剩余油和油膜形式赋存在小孔隙中，大孔道中原油基本被驱替出，小孔隙和孔喉处原油被驱替出一部分。

4. 注入压力为 3.0MPa

以注入压力为 3.0MPa 进行水驱模拟,驱替效率为 54.54%。模拟结果(图 4-7)显示:随着水驱过程的不断进行,水驱初期注入水从大孔道和小孔道同时进入孔隙,且之前低压情况下无法驱动的孔隙末端的原油在高注入压力下被动用,注入水整体形成网状驱替,注入水在大孔道中驱替孔道中部原油,将原油向前推进,注入水在小孔道中以水滴形式赋存;在水驱中期,大孔道中原油基本被驱替出,少部分注入水进入孔隙末端赋存在孔道壁上;在水驱末期,少部分孔隙末端原油被驱替出,但仍有部分原油以柱状形式存在于孔隙末端无法被驱出。

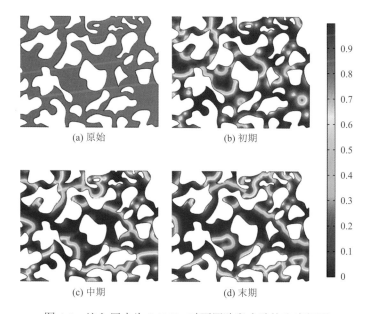

(a) 原始　　　　　　(b) 初期

(c) 中期　　　　　　(d) 末期

图 4-7　注入压力为 3.0MPa 时不同阶段含油饱和度场图

根据模拟结果分析可知:当压力进一步加大时,注入水突破毛管力从大孔道和小孔道同时汇入,整体驱替形状呈网状,大孔道及小孔道中的原油都能被注入水波及;随着注入水的逐渐进入,少部分小孔隙中原油被驱替完全,但仍有较少原油从小孔道被驱替到孔隙末端,以油膜形式存在于小孔道的孔道壁上,导致在水驱过程末期,剩余油主要以油膜形式赋存在小孔隙中,大孔道中原油基本被驱替出,小孔隙和孔喉处原油被驱替出较大一部分。

5. 不同压力结果对比分析

根据不同注入压力驱替效率对比图(图 4-8)可以看出,随注入压力升高,驱油效率逐渐增大，当压力从 0.5MPa 增加到 1.0MPa 时大孔道内原油被驱替出，因此驱油效率增加幅度最大，当压力继续增加时，小孔道内原油被动用，驱油效率增加的主要原因是小孔道内原油的采出，且升高压力提升的驱替效率数值较为可观，因此，保持较高的压力对提高原油采出程度尤为重要。

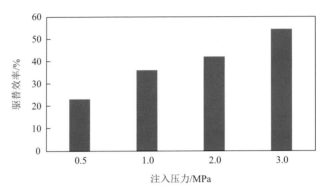

图 4-8　不同注入压力驱替效率对比图

4.5　Ⅱ类孔隙结构下不同压力蓄能增渗微观研究

本节通过对Ⅱ类孔隙结构下不同注入压力条件蓄能增渗水驱过程中油水的运移进行模拟，研究低渗透油藏闷井阶段不同注入压力憋压闷井后的剩余油微观分布。

4.5.1　模拟设计

Ⅱ类孔隙结构为粒间溶孔、晶间孔，孔道多为微孔道，入口处孔道半径较小，需要较高的排驱压力，但整体连通性较好，基本无封闭孔隙。首先通过稳定注入速度模拟确定其排驱压力范围，然后对应其压力范围设置 4 组不同压力条件下模拟设计，如表 4-3 所示。

表 4-3　不同压力下模拟设计

序号	压力条件/MPa	孔隙类型	含油饱和度/%
1	7	Ⅱ类	67
2	8	Ⅱ类	67
3	9	Ⅱ类	67
4	10	Ⅱ类	67

4.5.2　模拟结果及分析

1. 注入压力为 7MPa

由图 4-9 可知,以注入压力为 7MPa 进行水驱模拟,驱替效率为 25.24%。模拟结果显示:随着水驱过程的不断进行,水驱初期注入水呈指状-网状推进,将孔道内的原油向前推进到大孔道中部,在水驱过程中注入水主要沿连通孔道逐渐向孔道中部推进;水驱中期注入水占据一定大孔道,逐渐进入孔隙结构中部,但入口处大孔道因连通性较差,孔道内的原油并没有被驱替出,注入水沿上方小孔道向内部推进;驱替结束后,主要通道内仍有大量残余油未被驱替出,残余油主要以簇状和柱状的形式赋存。

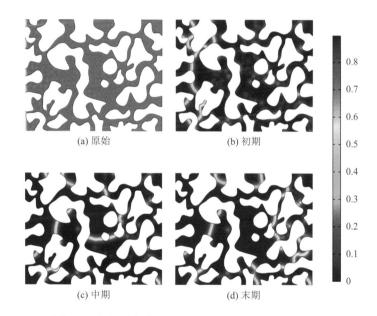

图 4-9　注入压力为 7MPa 时不同阶段含油饱和度场图

根据模拟结果分析可知:当压力相对较小时,孔道内水相驱动较为缓慢,因入口处孔道半径相差不大,注入水呈网状驱替。由于模型下方入口处孔道较小,因此注入水向前推进缓慢。随着注入水的逐渐进入,模型上方注入水在小孔道处连通,此时孔道处压力较大,而下方由于孔道半径较小,且存在没有连通的孔道,因此注入水到此处不再推进,更多的注入水从模型上方进入后方大孔道处,注入水的推进使得孔隙末端和盲端含油饱和度增加。这部分原油在当前驱替压力下无法被水驱出，导致在水驱过程末期，剩余油主要以柱状和簇状的形式赋存在孔隙盲端和末端，且大孔道内部原油并没有被完全驱替出。

2. 注入压力为 8MPa

由图 4-10 可知，以注入压力为 8MPa 进行水驱模拟，驱替效率为 34.25%。模拟结果显示：随着水驱过程的不断进行，水驱初期注入水率先突破上方小孔道，沿孔道壁进入后方大孔道处，并在孔喉处将原油分割，注入水形成明显的指状驱替；在水驱中期，注入水占据大孔道内部，且随着压力增大入口处下方小孔道中原油向前推进少许；在水驱结束后，主要通道内原油基本被采出，小孔道内原油部分被驱出，残余油主要以绕流残余油和柱状残余油的形式赋存。

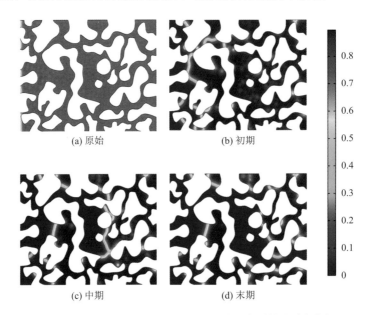

(a) 原始　　　　　　　　　　　　(b) 初期

(c) 中期　　　　　　　　　　　　(d) 末期

图 4-10　注入压力为 8MPa 时不同阶段含油饱和度场图

根据模拟结果分析可知：当压力进一步加大时，孔道内水相驱动迅速，大孔道原油优先被驱替出，部分小孔道内原油得到动用。随着注入水的逐渐进入，更多的原油被驱替到小孔道中使得孔隙末端和盲端含油饱和度增加，这部分原油在当前驱替压力下无法被水驱出，导致在水驱过程末期，剩余油主要以绕流残余油和角隅残余油赋存在小孔隙中，大孔道中原油基本被驱替出，剩余部分原油以油膜形式赋存孔道死角上。

3. 注入压力为 9 MPa

由图 4-11 可知，以注入压力为 9MPa 进行水驱模拟，驱替效率为 38.21%。模拟结果显示：随着水驱过程的不断进行，水驱初期注入水从模型上方与下方同时进入孔隙，模型上方孔道注入水推进速度较快，将原油向前推进，驱替前缘油水过渡带呈现活塞式将孔道中部的原油向前推进。在水驱中期注入水将中间孔道原油驱替出后形成一条高渗通道，注入水沿高渗通道流出，模型上方和下方两条小孔道也被动用，注入水经过小孔道与高渗通道中的水在出口前一个孔喉汇聚。在水驱结束后，主要通道内原油基本被采出，模型上方和下方小孔道原油被驱替出一部分。

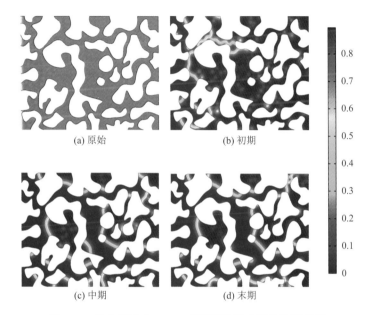

图 4-11　注入压力为 9MPa 时不同阶段含油饱和度场图

　　根据模拟结果并结合岩心驱替实验分析可知：当压力进一步加大时，注入水突破毛管力从模型入口上方和下方小孔道同时汇入，大孔道原油优先被驱替出。随着注入水的逐渐进入，一部分原先存在于小孔道中未被注入水波及的原油从小孔道中被驱替到大孔道内，但仍有一部分原油从小孔道被驱替到孔隙末端，始终无法被注入水波及，导致在水驱过程末期，剩余油主要以柱状剩余油和油膜形式赋存在小孔隙中，大孔道中原油基本被驱替出，小孔隙和孔喉处原油被驱替出一部分。

4. 注入压力为 10MPa

　　由图 4-12 可知，以注入压力为 10MPa 进行水驱模拟，驱替效率为 46.54%。模拟结果显示：随着水驱过程的不断进行，水驱初期注入水从模型入口上方小孔道和下方同时进入大孔隙。之前低压力情况下无法驱动的孔隙末端的原油在高注入压力下被动用，注入水整体形成网状驱替，注入水在大孔道中驱替孔道中部原油，将原油向前推进，注入水在小孔道中以水滴形式赋存，此时注入水中已经有一部分沿孔道壁进入原油中以水滴形式存在。在水驱中期，大孔道中原油基本被驱替出，少部分注入水进入孔隙末端赋存在孔道壁上。在水驱末期，少部分孔隙末端原油被驱替出，但仍有部分原油以柱状形式存在于孔隙末端无法被驱出。

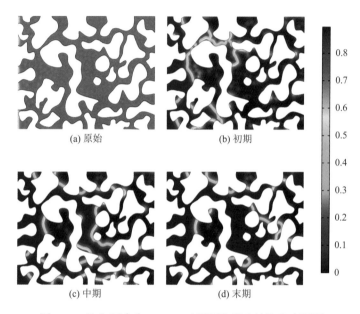

图 4-12　注入压力为 10MPa 时不同阶段含油饱和度场图

　　根据模拟结果分析可知：当压力进一步加大时，驱替形状呈网状。大孔道及小孔道中的原油都能被注入水波及，随着注入水的逐渐进入，少部分小孔隙中原油被驱替完全，但仍有较少原油从小孔道被驱替到孔隙末端，以油膜形式存在于小孔道的孔道壁上，导致在水驱过程末期，剩余油主要以油膜形式赋存在小孔隙中，大孔道中原油基本被驱替出，小孔隙和孔喉处原油被驱替出较大一部分。

5. 不同压力结果对比分析

　　由图 4-13 可以看出，随注入压力升高，驱替效率逐渐增大，当压力从 7MPa增加到 8MPa 时大孔道内原油被驱替出，因此驱替效率增加幅度最大，当压力继续增加时，小孔道内原油被动用，驱替效率增加的主要原因是小孔道内原油的采出，且升高压力提升的驱替效率数值较为可观，因此，保持较高的压力对提高原油采出程度尤为重要。

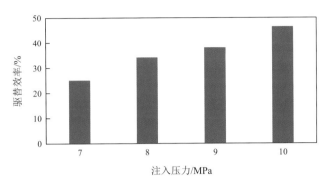

图 4-13　不同注入压力驱替效率对比图

第5章 底水油藏注采模拟平板实验

目前针对底水油藏的研究，主要集中在对油井的临界产量、水锥速度以及压锥时机的研究；而对存在隔夹层的底水油藏，底水与注入水在油藏开发过程中的博弈关系所造成储层能量分布，随开发向后推进而发生变化的研究尚不明确。本章在底水锥进机理分析及相关理论研究基础上，开展长 2 低含油饱和度底水油藏平板实验模拟，通过改变平板模型的射孔位置、隔夹层大小，渗透率级差、注采参数，研究不同参数下底水锥进形态及对底水锥进对产油量、采收率、含水率的影响规律。

5.1 实验原理、目的和设计

5.1.1 实验原理

根据平板填砂模拟地层情况，通过压力传感器可以得知实验中模型内部实际的压力，通过电阻探针可以获知模型内部的饱和度分布。

用油气水计量装置分别计量每一孔隙体积倍数下各个采液口累计驱替出的油量和水量，同时每隔 20min 采集一次电极数据，求取在不同注入孔隙体积倍数下的岩心中油水饱和度分布，计算公式如下：

$$S_{\mathrm{w}} = \sqrt[n]{\frac{abR_{\mathrm{w}}}{\phi^m R_t}}, \ S_{\mathrm{o}} = 1 - S_{\mathrm{w}}$$

$$S_{\mathrm{o}} = 1 - \sqrt[n]{\frac{abR_{\mathrm{w}}}{\phi^m R_t}}$$

（5-1）

式中，S_{w}——含水饱和度；

S_{o}——含油饱和度；

n——岩性指数；

a——岩性系数；

b——饱和度指数；

R_{w}——地层水的电阻率；

ϕ——岩心孔隙度；

m——胶结指数；

R_t——岩石含油时的电阻率。

5.1.2　实验目的

根据研究目标油藏储层地质条件，建立二维平板物理模型，模拟底水油藏注水开发。在其他实验参数一定的情况下，通过改变平板模型的射孔位置、隔夹层大小、渗透率级差、注采参数，对比产油量、累产油、含水率和采出程度的变化，以及含油饱和度分布规律，以研究射孔位置、隔夹层大小、渗透率级差、注采参数对底水油藏开发效果的影响程度。

5.1.3　实验设计

实验采用单一变量法原则设计实验，其余实验变量保持不变。该实验的初始含油饱和度为35%，注水方式为连续注水。考虑不同井网类型、不同射孔高度、隔夹层大小、不同韵律（渗透率级差分布规律）和注采参数对油井含水率、采出程度的影响，设计了19组不同的实验如表5-1所示。

表 5-1　不同影响因素水驱油实验设计表

序号	实验条件	影响因素	因素水平
1	含油饱和度：35% 射孔高度：10cm 隔夹层大小：20cm 韵律类型：正韵律 注入速度：5mL/min 采液压力：3.28MPa	井网类型	一注一采
2			单生产井
3	含油饱和度：35% 井网类型：一注一采 隔夹层大小：20cm 韵律类型：正韵律 注入速度：5mL/min 采液压力：3.28MPa	射孔高度	10cm
4			15cm
5			20cm
6	含油饱和度：35% 井网类型：一注一采/单生产井 射孔高度：10cm 韵律类型：正韵律 注入速度：5mL/min 采液压力：3.28MPa	隔夹层大小 （单生产井）	15cm
7			20cm
8		隔夹层大小 （一注一采）	15cm
9			20cm
10			25cm
11	含油饱和度：35% 井网类型：一注一采 射孔高度：10cm 隔夹层大小：20cm 注入速度：5mL/min 采液压力：3.28MPa	韵律类型	正韵律（8.6、13.6、18.6）
12			反韵律（18.6、13.6、8.6）
13			复合韵律（8.6、18.6、13.6）

序号	实验条件	影响因素	因素水平
14			注入速度：1mL/min
15	含油饱和度：35%		注入速度：5mL/min
16	井网类型：一注一采	注采参数	注入速度：10mL/min
17	射孔高度：10cm 隔夹层大小：20cm		采液压力：2.28MPa
18	韵律类型：正韵律		采液压力：3.28MPa
19			采液压力：4.28MPa

5.2 实 验 准 备

5.2.1 模型设计

实验采用 500～800 目石英砂填砂模型制作平板模型模拟底水油藏。井网采用一注一采，模型满足以下要求：

（1）模型平均渗透率为 10～30mD，以 x 和 y 方向渗透率接近一致的平板模型来模拟均质型储层；

（2）模型底部连接中间容器，中间容器中放置水体，边界无流体流出或者流入，为减小边界影响，模型边界为井网单元中的流线；

（3）物理模型通过对称原则能代表整个井网单元。

设计平板大小为 35cm×35cm×10cm，平板模型底部连接中间容器，中间容器中放置 10PV 的模拟地层水，通过给定压力的中间容器来模拟底水水体。实验所使用的流体及岩石物性和目标油藏实际情况尽量相同，原油密度为 0.8g/cm^3、原油黏度为 4.3mPa·s、原始油藏压力为 5.28MPa。模型填砂后 z 方向为不同渗透率级差，孔隙度为 0.16。

底水油藏实验模拟的实验流程及实验设备如图 5-1～图 5-4 所示。

5.2.2 实验步骤

（1）井筒布置与填砂：在平板模型上刻画出一口生产井、一口注入井，根据实验要求设置不同的井筒长度。用隔板将内腔分为大小相同的四部分，将不同大小的隔夹层放置于距离底部 15cm 处，按照实验对模拟储层渗透率的需求，根据先期测试孔渗关联性规律，向模型内填入 500～800 目的石英砂，以满足不同的渗透率级差，底部一层模拟底水层，并放置一块渗透板，捣实、压紧，取出隔板，往未填充满的区域填砂，盖上盖板，拧紧螺丝，并将模型垂直放置。

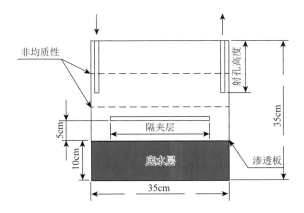

图 5-1　平板装置示意图

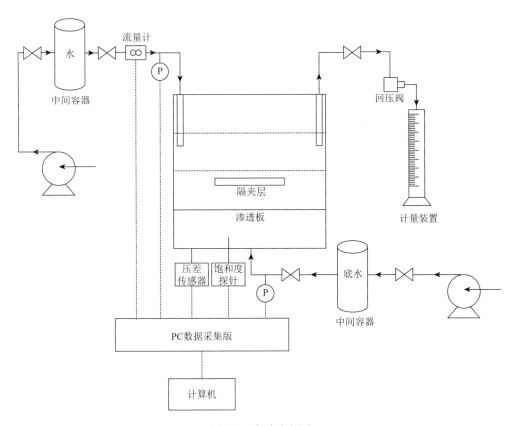

图 5-2　实验流程图

图 5-3　实验装置实物图

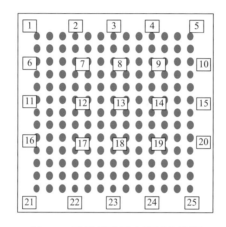

图 5-4　平板模型压力测试点位图

（2）用真空泵给模型抽真空，使真空度达到-0.08MPa。

（3）将填满砂的二维平板从底部预留的阀门以 0.5mL/min 的速度往模型中注水，直至顶部预留阀门均出水、测得的电阻率稳定，并将注满水的模型静置一段时间保持压力稳定。

（4）从顶部阀门以 0.5mL/min 的速度注油，待注入油量达到 0.35PV 为止；将模型放置一段时间进行老化，使原油在模型中分布均匀，并使整个模型内压力达到 5.28MPa。

（5）老化后，调节生产井回压阀，打开注入井以不同的注入速度向模型内注水，同时开启生产井开始生产，记录产油量、压力场以及含油饱和度场变化。

（6）通过布置的高精度压差传感器监测平板模型压力变化，通过饱和度探针观察饱和度场变化。

（7）待生产井含水率达到 100%，饱和度探针和压差传感器监测数据直到几乎不变。

（8）改变注采参数，重复步骤（2）～（7）。

实验结束，生成实验报告。

5.3　底水油藏平板实验设计及结果分析

5.3.1　不同井网类型底水油藏平板实验

1. 实验设计

为了研究不同井网类型对底水油藏开发效果的影响，在保持模型其他参数不变的情况下，通过改变平板模型中井网类型为一注一采和单生产井，分别观察不同井网类型在不同时间内的产油量、含水率、压力场图以及饱和度场图。分析不同射孔高度对底水水侵的影响。底水油藏不同井网类型实验参数如表 5-2 所示。

表 5-2　底水油藏不同井网类型实验参数表

参数	值	参数	值
孔隙度/%	16	井网类型	一注一采、单生产井
渗透率级差	正韵律（8.6/13.6/18.6）	水体大小/PV	10
含油饱和度/%	35	射孔高度/cm	10
地层原始压力/MPa	5.28	隔夹层大小/cm	20
模型 X/cm	35	采液压力/MPa	3.28
模型 Y/cm	35	注入速度/(mL/min)	5
模型 Z/cm	10	生产时间/min	200

2. 实验分析

1）不同井网类型底水油藏平板实验场图分析

在底水油藏平板模型中，均匀布置压力探针和饱和度探针，获取不同时间节点的压力数据和饱和度数据，利用 MATLAB 编程插值处理压力数据和饱和度数据，进而得到不同时间节点的压力场图和饱和度场图。

从图 5-5～图 5-8 可以看出，当井网类型为一注一采时，同一时刻底水水锥速度比单生产井时更慢，且储层压力降低范围比单生产井压力降低范围小，这是因为随着注入井的注入，储层能量和亏空体积得到补充，同时抑制了底水的锥进。

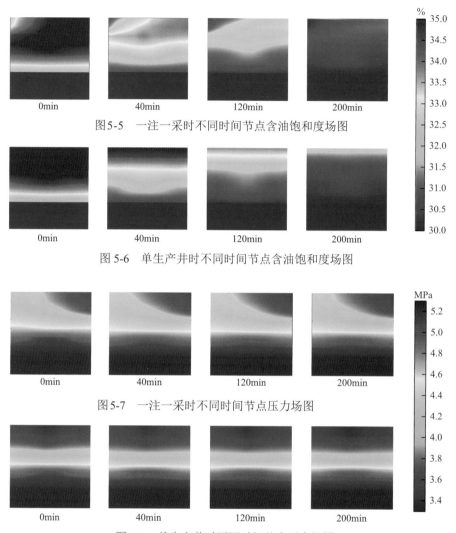

图 5-5　一注一采时不同时间节点含油饱和度场图

图 5-6　单生产井时不同时间节点含油饱和度场图

图 5-7　一注一采时不同时间节点压力场图

图 5-8　单生产井时不同时间节点压力场图

2）不同井网类型底水油藏平板实验生产曲线分析

在底水油藏平板实验进行过程中，在一定的时间节点记录出口端的累产油量和累产水量，经过计算得到模型不同时间节点的采出程度如表 5-3 所示。

表 5-3　不同井网类型不同时间节点的采出程度

时间/min	采出程度/%	
	单生产井	一注一采
0	0	0
3	0.54	0.59

续表

时间/min	采出程度/%	
	单生产井	一注一采
9	1.59	1.76
15	2.65	2.93
21	3.69	4.07
27	4.70	5.17
40	6.58	7.20
55	8.15	8.77
70	9.29	9.81
100	10.72	11.10
120	11.32	11.65
140	11.77	12.05
160	12.11	12.36
180	12.38	12.60
200	12.60	12.80

从图 5-9～图 5-12 可以看出，一注一采初期采油速度较快，因此其产油量较高，但随着注入井的注入以及底水的突破，中期含水率比单生产井更高。

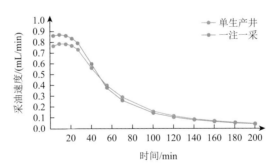

图 5-9　不同井网类型采油速度曲线

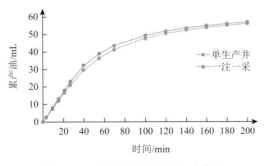

图 5-10　不同井网类型累产油曲线

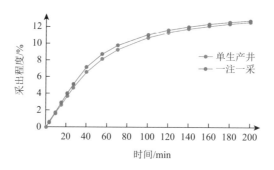

图 5-11 不同井网类型采出程度曲线

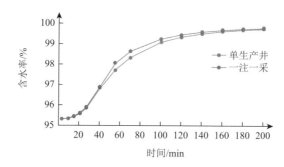

图 5-12 不同井网类型含水率曲线

5.3.2 不同射孔高度底水油藏平板实验

1. 实验设计

对于底水油藏来说，生产井的射孔层段对底水锥进规律产生重要影响。在一般情况下，如果生产井射孔层段距油水界面近，即射孔高度大，将导致油井过早水淹和关井，无水采油期短。相反，如果避水高度大，无水采油期延长，含水率上升速度变缓，油藏开发效果较好。为了研究不同射孔高度对底水油藏开发效果的影响，在保持模型其他参数不变的情况下，通过改变平板模型中井的射孔高度（10cm、15cm、20cm），分别观察不同射孔高度在不同时间内的产油量、含水率、压力场图以及饱和度场图，分析不同射孔高度对底水水侵的影响。底水油藏不同射孔高度实验参数如表 5-4 所示。

表 5-4 底水油藏不同射孔高度实验参数表

参数	值	参数	值
孔隙度/%	16	井网类型	一注一采
渗透率级差	正韵律（8.6/13.6/18.6）	水体大小/PV	10

续表

参数	值	参数	值
含油饱和度/%	35	射孔高度/cm	10、15、20
地层原始压力/MPa	5.28	隔夹层大小/cm	20
模型 X/cm	35	采液压力/MPa	3.28
模型 Y/cm	35	注入速度/(mL/min)	5
模型 Z/cm	10	生产时间/min	200

2. 实验分析

1）不同射孔高度底水油藏平板实验场图分析

在底水油藏平板模型中，均匀布置压力探针和饱和度探针，获取不同时间节点的压力数据和饱和度数据，利用 MATLAB 编程插值处理压力数据和饱和度数据，进而得到不同时间节点的压力场图和饱和度场图。

从图 5-13～图 5-15 可以看出，射孔高度越大，前期含油饱和度下降越快，后期产油量降低，含油饱和度下降缓慢。结合图 5-16～图 5-18 的压力场图，射孔高

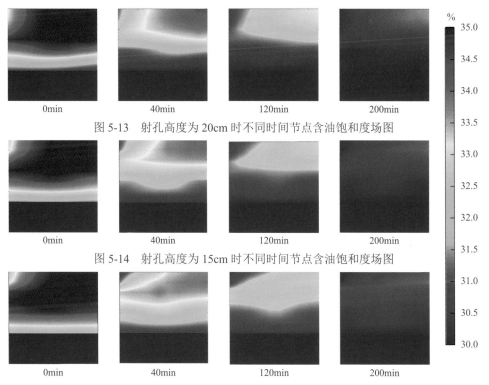

图 5-13 射孔高度为 20cm 时不同时间节点含油饱和度场图

图 5-14 射孔高度为 15cm 时不同时间节点含油饱和度场图

图 5-15 射孔高度为 10cm 时不同时间节点含油饱和度场图

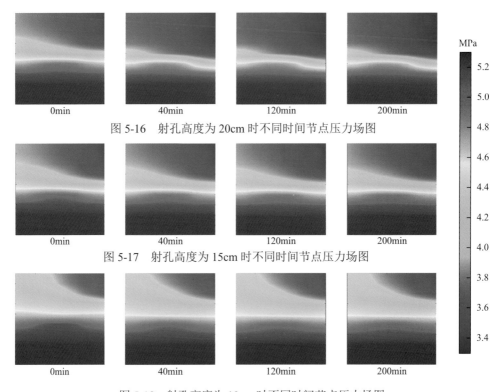

0min   40min   120min   200min

图 5-16 射孔高度为 20cm 时不同时间节点压力场图

0min   40min   120min   200min

图 5-17 射孔高度为 15cm 时不同时间节点压力场图

0min   40min   120min   200min

图 5-18 射孔高度为 10cm 时不同时间节点压力场图

度越大，储层压力下降范围越大，这是因为提高射孔高度之后，储层压力快速下降，生产压差降低，造成油相流动困难。

2）不同射孔高度底水油藏平板实验生产曲线分析

在底水油藏平板实验进行过程中，在一定的时间节点记录出口端的累产油量和累产水量，经过计算得到模型不同时间节点的采出程度见表 5-5。

表 5-5 不同射孔高度不同时间节点的采出程度

时间/min	采出程度/%		
	射孔高度为 10cm	射孔高度为 15cm	射孔高度为 20cm
0	0	0	0
3	0.59	0.79	1.16
9	1.76	2.32	2.98
15	2.93	3.79	4.39
21	4.07	5.10	5.58

续表

时间/min	采出程度/%		
	射孔高度为 10cm	射孔高度为 15cm	射孔高度为 20cm
27	5.17	6.23	6.60
40	7.20	8.14	8.33
55	8.77	9.59	9.70
70	9.81	10.54	10.62
100	11.10	11.70	11.77
120	11.65	12.19	12.25
140	12.05	12.54	12.62
160	12.36	12.82	12.90
180	12.60	13.03	13.12
200	12.80	13.21	13.30

图 5-19～图 5-21 是不同射孔高度下，生产井的采油速度曲线、累产油曲线和采出程度曲线。从图中可以看出，射孔高度越大，初期产油量越大，采出程度呈增长趋势。图 5-22 是不同射孔高度下的生产井含水率-时间曲线，从图 5-22 中可以看出，射孔高度越大，井底距油水界面距离近，压降大，使得初期产油量较快，但是也使底水进入井筒的距离变短，因此含水率上升越快，累计产油量相同时，射孔高度越大，含水率越高。建议低含油饱和度底水油藏射孔高度应打开油层顶部 40%～60%。

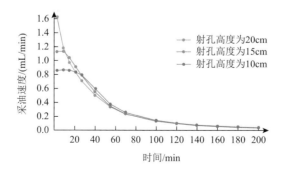

图 5-19　不同射孔高度采油速度曲线

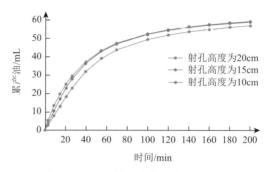

图 5-20　不同射孔高度累产油量曲线

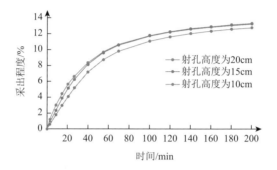

图 5-21　不同射孔高度采出程度曲线

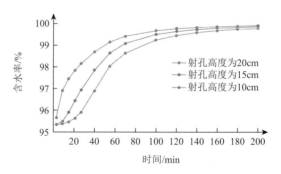

图 5-22　不同射孔高度含水率上升曲线

5.3.3　不同隔夹层大小底水油藏平板实验

1. 单生产井不同隔夹层大小底水油藏平板实验设计

当油层中的隔夹层分布稳定，且隔夹层具有一定的长度时，隔夹层可以起到很好的挡水效果，抑制底水锥进。为进一步分析隔夹层大小对生产井水侵的影响，在保持模型其他参数不变的情况下，通过改变平板模型中隔夹层大小（15cm、

20cm），分别观察不同隔夹层大小在不同时间内的采油速度、含水率、压力场图以及饱和度场图，分析不同隔夹层大小对底水水侵的影响。底水油藏不同隔夹层大小实验参数如表 5-6 所示。

表 5-6　底水油藏不同隔夹层大小实验参数表

参数	值	参数	值
孔隙度/%	16	井网类型	单生产井
渗透率级差	正韵律（8.6/13.6/18.6）	水体大小/PV	10
含油饱和度/%	35	射孔高度/cm	10
地层原始压力/MPa	5.28	隔夹层大小/cm	15、20
模型 X/cm	35	采液压力/MPa	3.28
模型 Y/cm	35	注入速度/(mL/min)	5
模型 Z/cm	10	生产时间/min	200

2. 单生产井不同隔夹层大小底水油藏平板实验实验分析

1）单生产井不同隔夹层大小底水油藏平板实验场图分析

在底水油藏平板模型中，均匀布置压力探针和含油饱和度探针，获取不同时间节点的压力数据和含油饱和度数据，利用 MATLAB 编程插值处理压力数据和含油饱和度数据，进而得到不同时间节点的压力场图和含油饱和度场图。

从图 5-23～图 5-26 可以看出，当生产井位于隔夹层上方时，随着隔夹层宽度的增加，底水锥进速度减缓，说明隔夹层有效地抑制了底水锥进。

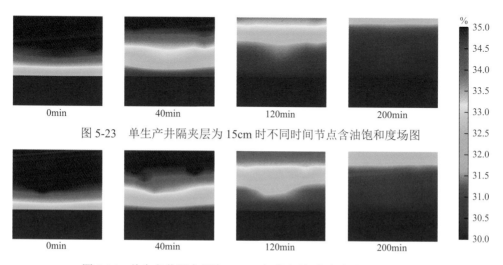

图 5-23　单生产井隔夹层为 15cm 时不同时间节点含油饱和度场图

图 5-24　单生产井隔夹层为 20cm 时不同时间节点含油饱和度场图

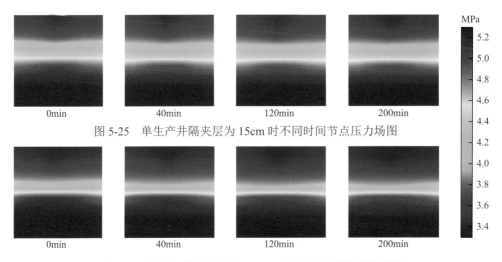

图 5-25　单生产井隔夹层为 15cm 时不同时间节点压力场图

图 5-26　单生产井隔夹层为 20cm 时不同时间节点压力场图

2）单生产井不同隔夹层大小底水油藏平板实验生产曲线分析

在底水油藏平板实验进行过程中，在一定的时间节点记录出口端的累产油量和累产水量，经过计算得到模型不同时间节点的采出程度（表 5-7）。

表 5-7　单生产井不同隔夹层大小底水油藏平板实验不同时间节点的采出程度

时间/min	采出程度/%	
	隔夹层大小为 15cm	隔夹层大小为 20cm
0	0	0
3	0.54	0.39
9	1.59	1.14
15	2.65	1.89
21	3.70	2.64
27	4.71	3.38
40	6.59	4.92
55	8.16	6.43
70	9.30	7.62
100	10.72	9.31
120	11.32	10.06
140	11.77	10.63
160	12.11	11.07
180	12.38	11.43
200	12.60	11.73

从图 5-27~图 5-30 可以看出，针对单生产井而言，隔夹层越大，隔夹层对底水的屏蔽效果越强，底水绕过隔板所需时间和距离越长，生产井见水时间越晚，同时隔夹层下面圈闭更多的原油，且隔夹层对底水的封锁作用也会越来越强，底水对地层亏空体积和能量的补充将会受到阻碍，降低模型采出程度。因此，单生产井生产时，要合理利用隔夹层大小，在不降低底水油藏采收率的同时，延缓底水锥进。

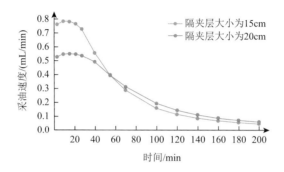

图 5-27　单生产井不同隔夹层大小采油速度变化曲线

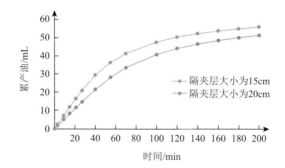

图 5-28　单生产井不同隔夹层大小累产油变化曲线

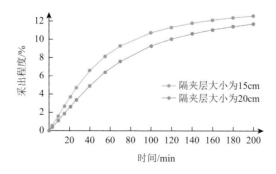

图 5-29　单生产井不同隔夹层大小采出程度变化曲线

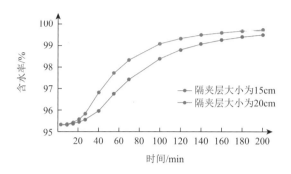

图 5-30　单生产井不同隔夹层大小含水率变化曲线

3. 一注一采不同隔夹层大小底水油藏平板实验设计

当油层中的隔夹层分布稳定，且隔夹层具有一定的长度时，隔夹层可以起到很好的挡水效果，抑制底水锥进。为进一步分析隔夹层大小对生产井水侵的影响，在保持模型其他参数不变的情况下，通过改变平板模型中隔夹层大小（15cm、20cm、25cm），分别观察不同隔夹层大小在不同时间内的采油速度、含水率、压力场图以及饱和度场图，分析不同隔夹层大小对底水水侵的影响。底水油藏不同隔夹层大小实验参数如表 5-8 所示。

表 5-8　底水油藏不同隔夹层大小实验参数表

参数	值	参数	值
孔隙度/%	16	井网类型	一注一采
渗透率级差	正韵律（8.6/13.6/18.6）	水体大小/PV	10
含油饱和度/%	35	射孔高度/cm	10
地层原始压力/MPa	5.28	隔夹层大小/cm	15、20、25
模型 X/cm	35	采液压力/MPa	3.28
模型 Y/cm	35	注入速度/(mL/min)	5
模型 Z/cm	10	生产时间/min	200

4. 一注一采不同隔夹层大小底水油藏平板实验分析

1）一注一采不同隔夹层大小底水油藏平板实验场图分析

在底水油藏平板模型中，均匀布置压力探针和饱和度探针，获取不同时间节点的压力数据和饱和度数据，利用 MATLAB 编程插值处理压力数据和饱和度数据，进而得到不同时间节点的压力场图和饱和度场图。

图 5-31～图 5-33 为不同隔夹层大小的含油饱和度场图，当隔夹层大小较小时，隔板上部水锥形成较快，随着隔夹层大小增大，底水首先向上锥进并在隔夹层末端形成水锥，然后继续向上突破，致使油井见水。

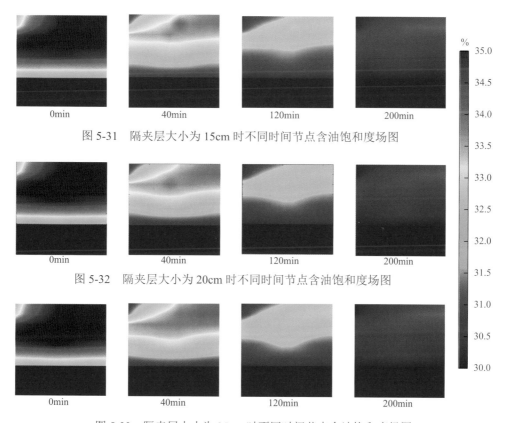

图 5-31　隔夹层大小为 15cm 时不同时间节点含油饱和度场图

图 5-32　隔夹层大小为 20cm 时不同时间节点含油饱和度场图

图 5-33　隔夹层大小为 25cm 时不同时间节点含油饱和度场图

图 5-34～图 5-36 为不同隔夹层大小压力场图，各个阶段压力场变化并不大，是因为实验过程中平板模型压力平衡过快，导致压力变化不明显。因此，开发过程中应当考虑利用底水能量。

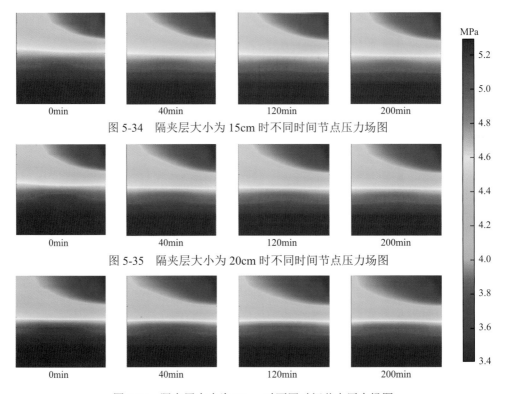

图 5-34　隔夹层大小为 15cm 时不同时间节点压力场图

图 5-35　隔夹层大小为 20cm 时不同时间节点压力场图

图 5-36　隔夹层大小为 25cm 时不同时间节点压力场图

2）一注一采不同隔夹层大小底水油藏平板实验生产曲线分析

在底水油藏平板实验进行过程中，在一定的时间节点记录出口端的累产油量和累产水量，经过计算得到模型不同时间节点的采出程度见表 5-9。

表 5-9　一注一采不同隔夹层大小底水油藏平板实验不同时间节点的采出程度

时间/min	采出程度/%		
	隔夹层大小为 15cm	隔夹层大小为 20cm	隔夹层大小为 25cm
0	0	0	0
3	0.62	0.59	0.56
9	1.84	1.76	1.64
15	3.06	2.93	2.73
21	4.25	4.07	3.80
27	5.38	5.17	4.83
40	7.44	7.20	6.80
55	8.99	8.77	8.39
70	10.01	9.81	9.46
100	11.26	11.10	10.81

续表

时间/min	采出程度/%		
	隔夹层大小为 15cm	隔夹层大小为 20cm	隔夹层大小为 25cm
120	11.79	11.65	11.39
140	12.18	12.05	11.82
160	12.47	12.36	12.15
180	12.70	12.60	12.41
200	12.89	12.80	12.63

图 5-37 和图 5-38 是不同隔夹层大小下的采油速度曲线和累产油曲线。从图中可以看出，初期采油速度均呈现先增大、后减小的趋势，随隔夹层大小增加，初期采油速度降低，这说明隔夹层大小的增加会对底水能量驱替原油造成遮挡等负面作用。但隔夹层越大，底水渗流阻力也越大，对底水的遮挡作用越明显，含水率上升幅度降低（图 5-39），同单生产井生产时相同，隔夹层下方圈闭更多的原油，且隔夹层对底水的封锁作用也会越来越强，底水对地层亏空体积和能量的补充将会受到阻碍，降低模型采出程度（图 5-40）。

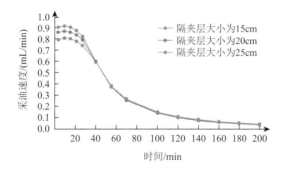

图 5-37　不同隔夹层大小采油速度变化曲线

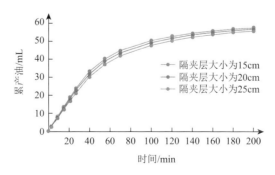

图 5-38　不同隔夹层大小累产油变化曲线

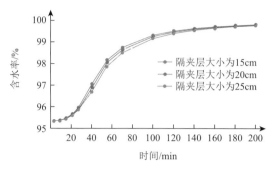

图 5-39　不同隔夹层大小含水率变化曲线

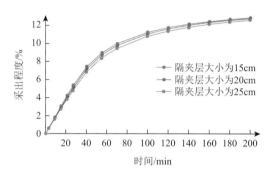

图 5-40　不同隔夹层大小采出程度变化曲线

5.3.4　不同韵律底水油藏平板实验

1. 实验设计

为了研究储层沉积韵律对底水油藏开发效果的影响，在保持模型其他参数不变的情况下，采用500～800目的石英砂，通过改变石英砂的混合比例，在平板模型填出不同韵律的填砂模型，记录并观察不同韵律在不同时间内的产油量、含水率、压力场图以及饱和度场图，分析不同韵律对底水水侵的影响。底水油藏不同韵律实验参数如表5-10所示。

表 5-10　底水油藏不同韵律实验参数表

参数	值	参数	值
孔隙度/%	16	井网类型	一注一采
渗透率级差	正韵律（8.6/13.6/18.6）反韵律（18.6/13.6/8.6）复合韵律（8.6/18.6/13.6）	水体大小/PV	10
含油饱和度/%	35	射孔高度/cm	10
地层原始压力/MPa	5.28	隔夹层大小/cm	20

续表

参数	值	参数	值
模型 X/cm	35	采液压力/MPa	3.28
模型 Y/cm	35	注入速度/(mL/min)	5
模型 Z/cm	10	生产时间/min	200

2. 实验分析

1）不同韵律底水油藏平板实验场图分析

在底水油藏平板模型中，均匀布置压力探针和饱和度探针，获取不同时间节点的压力数据和饱和度数据，利用 MATLAB 编程插值处理压力数据和饱和度数据，进而得到不同时间节点的压力场图和饱和度场图。

图 5-41～图 5-46 为不同韵律不同时间节点含油饱和度场图和压力场图，正韵律中，由于水的重力作用，水从油藏上部的低渗透层流到下部的高渗透层，将孔隙中的原油驱走，提高了注入水的驱替效率；反韵律时，由于平板模型下部为低

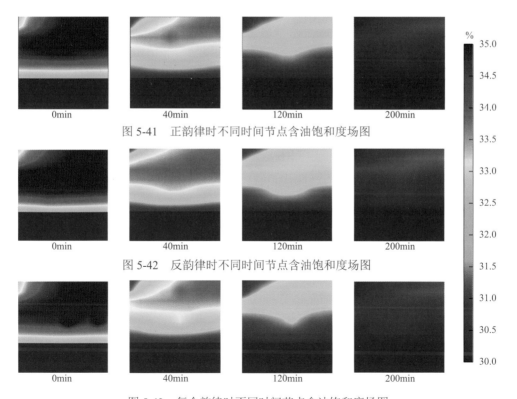

0min   40min   120min   200min
图 5-41 正韵律时不同时间节点含油饱和度场图

0min   40min   120min   200min
图 5-42 反韵律时不同时间节点含油饱和度场图

0min   40min   120min   200min

图 5-43 复合韵律时不同时间节点含油饱和度场图

图 5-44　正韵律时不同时间节点压力场图

图 5-45　反韵律时不同时间节点压力场图

图 5-46　复合韵律时不同时间节点压力场图

渗透层，因此流体流动困难，含油饱和度相较于正韵律和复合韵律降低缓慢，模型内部压力下降也比较缓慢，因此反韵律前期采油速度慢，含水上升也较慢。因此，正韵律和复合韵律储层适合顶部注水开发，提供了驱扫波及效率。

2）不同韵律底水油藏平板实验生产曲线分析

在底水油藏平板实验进行过程中，在一定的时间节点记录出口端的累产油量和累产水量，经过计算得到模型不同时间节点的采出程度（表 5-11）。

表 5-11　不同韵律底水油藏平板实验不同时间节点的采出程度

时间/min	采出程度/%		
	正韵律	反韵律	复合韵律
0	0.00	0.00	0.00
3	0.59	0.52	0.60
9	1.76	1.51	1.78
15	2.93	2.50	2.95
21	4.07	3.46	4.10
27	5.17	4.39	5.20
40	7.20	6.23	7.26

续表

时间/min	采出程度/%		
	正韵律	反韵律	复合韵律
55	8.77	7.88	8.87
70	9.81	9.04	9.93
100	11.10	10.52	11.23
120	11.65	11.17	11.78
140	12.05	11.65	12.18
160	12.36	12.02	12.49
180	12.60	12.31	12.74
200	12.80	12.55	12.93

图 5-47～图 5-50 为不同韵律采油速度曲线、累产油曲线、采出程度曲线和含水率曲线，反韵律前期采油速度慢，后期比其他两种韵律快，含水上升慢。正韵律和复合韵律采出关系曲线基本重合，无较大差别，因为随着开发的进行，注入水沿上部高渗层流动到井底，油井过早地见水，严重影响油井的产量。同时，底部渗透率低，原油流动困难，夹层下部动用效果不佳，很难流动，夹层下部的油未

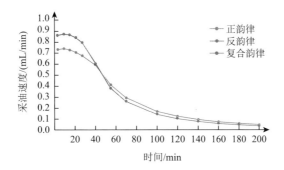

图 5-47　不同韵律采油速度曲线

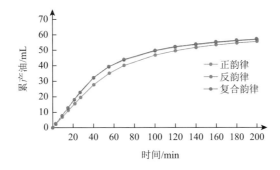

图 5-48　不同韵律累产油曲线

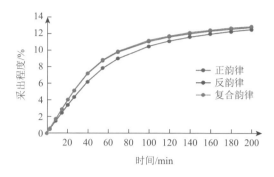

图 5-49　不同韵律采出程度曲线

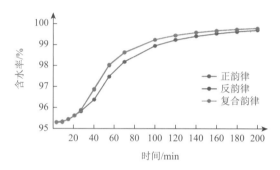

图 5-50　不同韵律含水率曲线

被注水井有效地驱走,动用程度较差,甚至得不到动用。因此反韵律储层难开采,采收率低。

5.3.5　不同注入速度底水油藏平板实验

1. 实验设计

为了研究不同注入速度对底水油藏开发效果的影响,在保持模型其他参数不变的情况下,通过改变注入量(1mL/min、5mL/min、10mL/min)分别记录并观察不同注入速度在不同时间内的产油量、含水率、压力场图以及饱和度场图,分析不同注入速度对底水水侵的影响。底水油藏不同注入速度实验参数如表 5-12 所示。

表 5-12　底水油藏不同注入速度实验参数表

参数	值	参数	值
孔隙度/%	16	井网类型	一注一采
渗透级差	正韵律（8.6/13.6/18.6）	水体大小/PV	10

续表

参数	值	参数	值
含油饱和度/%	35	射孔高度/cm	10
地层原始压力/MPa	5.28	隔夹层尺寸/cm	20
模型 X/cm	35	采液压力/MPa	3.28
模型 Y/cm	35	注入速度/(mL/min)	1、5、10
模型 Z/cm	10	生产时间/min	200

2. 实验分析

1）不同注入速度底水油藏平板实验场图分析

在底水油藏平板模型中，均匀布置压力探针和含油饱和度探针，获取不同时间节点的压力数据和含油饱和度数据，利用 MATLAB 编程插值处理压力数据和含油饱和度数据，进而得到不同时间节点的压力场图和含油饱和度场图。

从图 5-51～图 5-53 和图 5-54～图 5-56 的含油饱和度场图和压力场图可以看出，注入速度越慢，水驱效果越弱，含油饱和度降低速度越缓慢，但最终含油

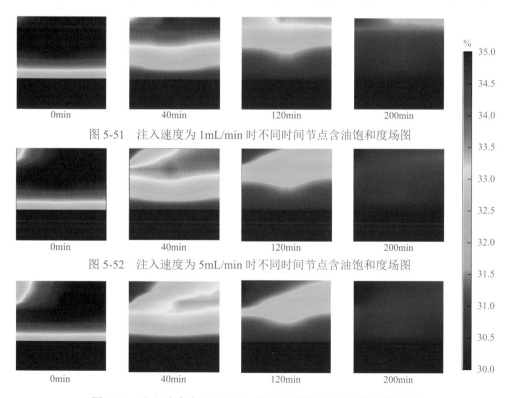

图 5-51　注入速度为 1mL/min 时不同时间节点含油饱和度场图

图 5-52　注入速度为 5mL/min 时不同时间节点含油饱和度场图

图 5-53　注入速度为 10mL/min 时不同时间节点含油饱和度场图

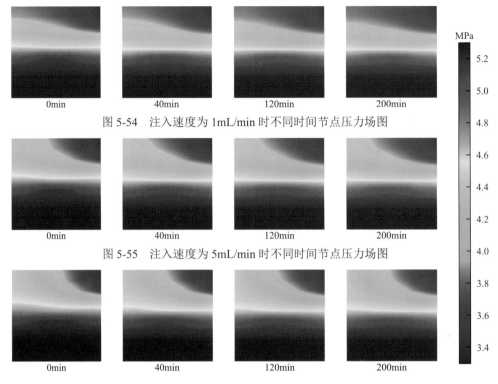

图 5-54　注入速度为 1mL/min 时不同时间节点压力场图

图 5-55　注入速度为 5mL/min 时不同时间节点压力场图

图 5-56　注入速度为 10mL/min 时不同时间节点压力场图

饱和度趋于一致。分析原因是随着生产的进行，底水逐渐侵入油层，驱动油相流动，提高采收率。此外，高注入量可以补充储层能量，使模型内部压力下降幅度减缓，控制底水锥进，有利于生产的进行。建议低饱和度底水油藏采用快速注水。

2）不同注入速度底水油藏平板实验生产曲线分析

在底水油藏平板实验进行过程中，在一定的时间节点记录出口端的累产油量和累产水量，经过计算得到模型不同时间节点的采出程度（表 5-13）。

表 5-13　不同注入速度底水油藏平板实验不同时间节点的采出程度

时间/min	采出程度/%		
	注入速度为 1mL/min	注入速度为 5mL/min	注入速度为 10mL/min
0	0	0	0
3	0.51	0.59	0.70
9	1.49	1.76	2.08
15	2.48	2.93	3.44
21	3.46	4.07	4.75
27	4.40	5.17	5.96

续表

时间/min	采出程度/%		
	注入速度为 1mL/min	注入速度为 5mL/min	注入速度为 10mL/min
40	6.22	7.20	7.96
55	7.81	8.77	9.38
70	8.98	9.81	10.33
100	10.45	11.10	11.48
120	11.07	11.65	11.97
140	11.54	12.05	12.32
160	11.90	12.36	12.59
180	12.19	12.60	12.81
200	12.43	12.80	12.98

　　从图 5-57～图 5-60 的生产曲线可以看出，其他条件不变的情况下，注入速度越大，初期采油速度越高，采出程度越高，但是加大注入速度以提高产油量的同时，含水率上升越快。

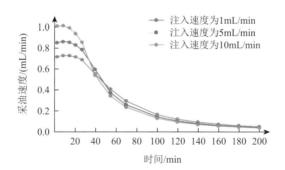

图 5-57　不同注入速度采油速度曲线

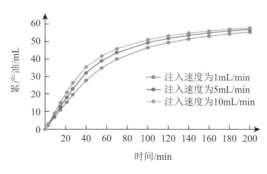

图 5-58　不同注入速度累产油曲线

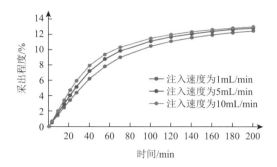

图 5-59　不同注入速度采出程度曲线

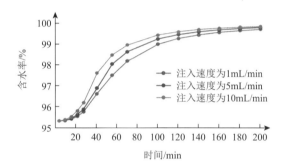

图 5-60　不同注入速度含水率曲线

5.3.6　不同采液压力底水油藏平板实验

1. 实验设计

为了研究不同采液压力对底水油藏开发效果的影响，在保持模型其他参数不变的情况下，通过改变采液压力（2.28MPa、3.28MPa、4.28MPa）分别记录并观察采液压力在不同时间内的采油速度、含水率、压力场图以及含油饱和度场图，分析不同采液压力对底水水侵的影响。底水油藏不同采液压力实验参数如表 5-14 所示。

表 5-14　底水油藏不同采液压力实验参数表

参数	值	参数	值
孔隙度/%	16	井网类型	一注一采
渗透率级差	正韵律（8.6/13.6/18.6）	水体大小/PV	10
含油饱和度/%	35	射孔高度/cm	10
地层原始压力/MPa	5.28	隔夹层尺寸/cm	20
模型 X/cm	35	采液压力/MPa	2.28、3.28、4.28

续表

参数	值	参数	值
模型 Y/cm	35	注入速度/(mL/min)	5
模型 Z/cm	10	生产时间/min	200

2. 实验分析

1）不同采液压力底水油藏平板实验场图分析

在底水油藏平板模型中，均匀布置压力探针和饱和度探针，获取不同时间节点的压力数据和含油饱和度数据，利用 MATLAB 编程插值处理压力数据和含油饱和度数据，进而得到不同时间节点的压力场图和含油饱和度场图。

图 5-61～图 5-63 和图 5-64～图 5-66 是不同采液压力时不同时间节点含油饱和度场图和压力场图。在相同的生产时间内，采液压力越低，流体流动越容易，油会被更快地采出，但随着含油饱和度的降低，底水也会更快地锥进，导致生产井被水淹，因此需要控制合理的采液压力，才能充分利用底水，提高采收率，建议合理生产压差为 3.28MPa。

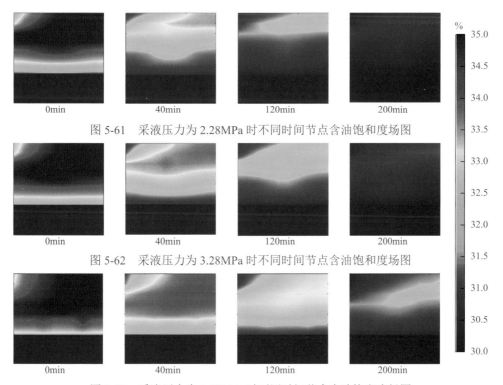

图 5-61　采液压力为 2.28MPa 时不同时间节点含油饱和度场图

图 5-62　采液压力为 3.28MPa 时不同时间节点含油饱和度场图

图 5-63　采液压力为 4.28MPa 时不同时间节点含油饱和度场图

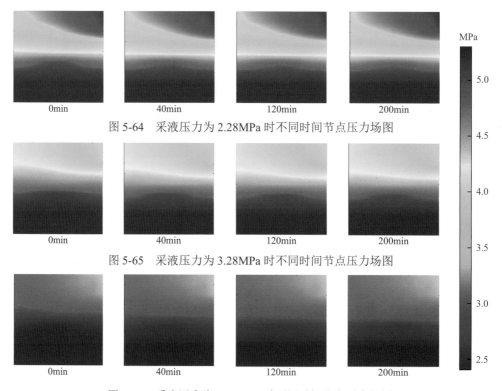

图 5-64 采液压力为 2.28MPa 时不同时间节点压力场图

图 5-65 采液压力为 3.28MPa 时不同时间节点压力场图

图 5-66 采液压力为 4.28MPa 时不同时间节点压力场图

2）不同采液压力底水油藏平板实验生产曲线分析

在底水油藏平板实验进行过程中，在一定的时间节点记录出口端的累产油和累产水，经过计算得到模型不同时间节点的采出程度（表 5-15）。

表 5-15 不同采液压力底水油藏平板实验不同时间节点的采出程度

时间/min	采出程度/%		
	采液压力为 2.28MPa	采液压力为 3.28MPa	采液压力为 4.28MPa
0	0	0	0
3	0.84	0.59	0.36
9	2.49	1.76	1.06
15	4.12	2.93	1.76
21	5.67	4.07	2.45
27	7.02	5.17	3.12
40	9.13	7.20	4.51
55	10.52	8.77	5.91

续表

时间/min	采出程度/%		
	采液压力为 2.28MPa	采液压力为 3.28MPa	采液压力为 4.28MPa
70	11.39	9.81	7.00
100	12.41	11.10	8.53
120	12.82	11.65	9.25
140	13.11	12.05	9.82
160	13.34	12.36	10.28
180	13.51	12.60	10.66
200	13.65	12.80	10.98

　　图 5-67～图 5-70 是不同采液压力下生产井采油速度曲线、累产油曲线、采出程度曲线和含水率曲线，变化趋势为采油速度和累产油随采液压力减小而增大，采液压力越低，产量递减越严重，且过低的采液压力会导致储层压力下降过快，导致底水锥进，造成含水率快速上升。

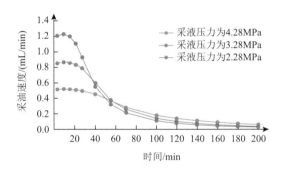

图 5-67　不同采液压力采油速度曲线

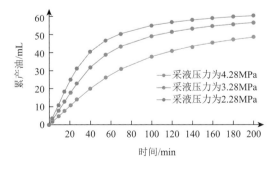

图 5-68　不同采液压力累产油曲线

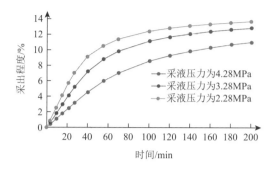

图 5-69 不同采液压力采出程度曲线

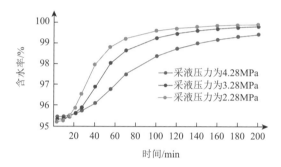

图 5-70 不同采液压力含水率曲线

第6章 低渗透油藏蓄能增渗数值模拟研究

本章根据研究区块实际地层参数及生产特征建立 CMG 矿场尺度模型,设计正交试验,针对特低渗油藏蓄能增渗工艺参数开展显著性研究,根据显著性结果进行单因素优化,从而得到一套合理的生产参数组合方案。

6.1 特低渗油藏蓄能增渗机理分析

在低渗透油藏的开发中,由于其固有的低渗透特性,地层压力的快速下降会导致单井产量迅速减少,因此维持地层压力对低渗透油藏的有效开发至关重要。研究区块某些区域经过一次开采后油井能量大幅度亏空,由于地理位置铺设注水管网代价巨大或无法铺设注水管网,为了克服这一难题,研究人员提出了一种新的开发策略——蓄能增渗技术。这种方法结合了体积压裂、注水吞吐、异步注采、油水井互换以及重复压裂等技术。

体积压裂技术是一种用于非常规油气藏开发的水力压裂技术。这项技术的目的是最大限度地提高储层中的裂缝改造体积,从而增加油气的产量。与传统的水力压裂相比,体积压裂技术更加注重在储层中形成复杂的裂缝网络,以提高油气的流动性和采收率。

注水吞吐技术主要应用于低渗透或致密油气藏,其基本原理是通过向油井注入水(或其他流体)来补充油藏能量,并通过水的重力分异和渗吸作用来提高油气的流动性和采收率。

异步注采技术是通过在不同的时间点对不同的井或裂缝进行注水和采油,以此来优化油气的开采过程。异步注采技术的主要原理是利用注水和采油的时间差,通过周期性的注水和生产操作,改善油气藏的渗流条件,增加油气的流动性,从而提高采收率。这种技术适用于那些注水困难、采收率低的油气藏,这类油气藏通常具有低渗透率、低孔隙度和高含水的特点。

油水井互换是根据油田开发过程中的实际情况,调整油井和注水井的功能,即把一些产油效果不佳的油井转变为注水井,同时把一些注水井转变为产油井。通过这种互换,可以改变地下流体的流动路径,提高油层的驱动效率,增加油层的波及系数,从而提高油田的整体采收率。

重复压裂技术是指在已经进行过一次或多次水力压裂的油气井中,再次实施压裂作业,以增加或恢复井的生产能力。

蓄能增渗充分利用了这几种技术的原理,目的是通过大液量、快速、高效地注水来及时补充地层能量,增强储层的渗流性能,从而显著提升单井产油量和阶段累计产油量,加速投资回收,并实现低渗透油藏的规模化效益开发,通常一次蓄能分为四个阶段。第一阶段为衰竭阶段:此阶段压裂后完全依靠天然能量开采。第二阶段为注入阶段:此阶段将中间亏空的生产井转换为注水井,注水时关闭生产井,注时不采,采时不注。第三阶段为闷井阶段:此时关闭注水井,平衡地层压力。第四阶段为生产阶段:此时打开生产井,正常衰竭开发。

蓄能增渗阶段示意图如图 6-1 所示,蓄能增渗提高采收率主要体现在基质渗吸,基质渗吸是导致注入能量扩散最主要的原因。亲水岩石基质通过渗吸作用将注入水吸入孔喉裂隙中,使基质孔隙压力得以提升,从而补充地层能量。渗吸作用引起地层能量增加效果与时间长度、空间广度和渗吸强度有关。闷井是延长渗吸的时间长度,油井转注时油井的压裂缝可以提供更多复杂的缝网从而增强渗吸,毛管力、基质渗透率等因素决定了渗吸强度。

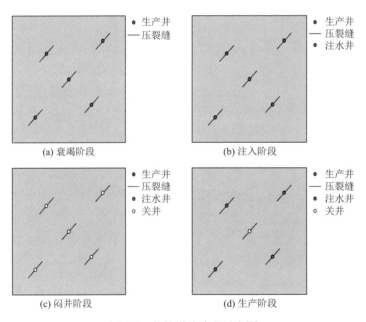

图 6-1　蓄能增渗阶段示意图

低渗透油藏蓄能增渗开发机理如下:

1. 改善油流通道的渗流能力

低产油气井经过初次压裂后,地应力状态会受到外界压力等因素的影响而发生变化。在后续的压裂作业中，第一次压裂产生的裂缝周围会形成诱导应力场，与原有的应力场相互叠加，从而影响裂缝的进一步形成。在应力场的作用下，无论是井筒还是初次裂缝的周边区域，都可能产生新的裂缝定向。随着地层压力的逐渐降低，应力方向也会相应变化，尤其是较大水平主应力的下降幅度会更为显著。当地应力发生变化，特别是初期最小水平主应力增大时，重复压裂产生的裂缝方向可能会发生改变。

在近破裂压力附近进行大液量蓄能增渗注水时，压力场会重新分布，并随时间推移和注水诱导缝的扩展而变化。这种强制性的裂缝扩展会沿着已有裂缝方向发展，增加主缝末端的裂缝开启度，从而增大渗流通道。同时，短时压力场的快速增压会开启新的裂缝，形成新的渗流通道。

2. 补充地层能量

特低渗储层具有启动压力梯度，流体地层饱和压差小，因此特低渗透油藏的开发受到更多限制。在初期采取衰竭开发后，地层压力迅速下降。如果注水不及时，油藏地层压力会低于饱和压力，导致地层快速脱气，进而降低油藏产量甚至停采。

蓄能增渗技术在特低渗油藏开发中适用范围较广。对于低产油区，由于油井开采时间长，周围地层能量亏空严重，因此可通过短时大液量注水快速补充地层能量。对于新区或开发早期区块，则需要结合压力场变化的数值模拟和动态诱导缝扩展机制，模拟能量蓄积的规模，以避免形成憋压后单一裂缝快速扩展导致水窜水淹。

3. 渗吸作用的油水置换

渗吸是多孔介质自发吸入某种润湿流体的过程。在亲水性油藏中，注入水会沿着细小的孔隙侵入基质岩块，将储层中的原油从中低渗的基质岩块中置换出来。随后，原油会向较大孔隙处流动。由于毛管渗吸作用，注入流体（如水或驱油剂）能将基质岩块中更多的原油置换和驱替到裂缝系统中，从而提高原油采收率。

6.2　油水两相渗流规律研究

6.2.1　模型假设条件

（1）油藏内油水不互溶，恒温流动。

（2）地层边界有原油补充，为定压边界。

（3）考虑启动压力梯度、应力敏感效应与毛管力，不考虑重力。

（4）基质仅向裂缝系统提供流体流动，不直接向井筒供油。

6.2.2　油水两相渗流数学模型

1. 启动压力梯度效应

对于多孔介质中流体的流动，启动压力梯度是普遍存在的现象。对于致密储层，渗流孔道半径一般在微纳米级，边界层作用显著，启动压力梯度效应明显，因此需要对模型渗流运动方程进行修改。考虑启动压力梯度的渗流运动方程为

$$
v = \begin{cases} 0, & |\nabla p| \leqslant \lambda_0 \\ -\dfrac{k k_r}{\mu}\left(1 - \dfrac{\lambda}{|\nabla p|}\right)\nabla p, & |\nabla p| > \lambda_0 \end{cases} \tag{6-1}
$$

式中，v——渗流速度；

　　　μ——流体黏度；

　　　k、k_r——渗透率、相对渗透率；

　　　λ、λ_0——启动压力梯度、最小启动压力梯度；

　　　p、∇p——压力、压力梯度。

2. 应力敏感效应

在油藏开发过程中，地层流体压力不断减小，基质岩石所受上覆地层压力增加，导致基质中应力增加，进而作用于基质孔隙结构使其形变，宏观上表现为储层渗透率随之减小。由于致密储层渗透率本身较小，因此应力敏感效应导致的储层渗透率变化相较常规储层更加明显。采用指数函数描述基质渗透率变化，结合 Barton-Bandis 模型和立方公式，评估裂缝渗透率的应力敏感效应。

基质渗透率变化公式：

$$
k_m = k_0 \mathrm{e}^{-c(p_0 - p)} \tag{6-2}
$$

式中，k_m、k_0——基质渗透率、基质初始渗透率，mD；

　　　p_0——原始地层压力，MPa；

　　　c——储层应力敏感系数，Pa^{-1}。

由 Barton-Bandis 模型表征裂缝开度变化：

$$
K_{ni} = -7.15 + 1.75 \mathrm{JRC} + 0.02 \frac{\mathrm{JCS}}{a_0} \tag{6-3}
$$

$$
v_m = -0.1032 - 0.0074 \mathrm{JRC} + 1.135\left(\frac{\mathrm{JCS}}{a_0}\right)^{-0.251} \tag{6-4}
$$

$$\Delta a_{\mathrm{n}} = \begin{cases} -\dfrac{\sigma_{\mathrm{n}}}{K_{\mathrm{ni}}}, & \sigma_{\mathrm{n}} \geqslant 0 \\[3mm] \left(\dfrac{1}{v_{\mathrm{m}}} + \dfrac{K_{\mathrm{ni}}}{\sigma_{\mathrm{n}}}\right)^{-1}, & \sigma_{\mathrm{n}} < 0 \end{cases} \tag{6-5}$$

$$w_{\mathrm{f}} = \frac{(a_0 - \Delta a_{\mathrm{n}})^2}{\mathrm{JRC}^{2.5}} \tag{6-6}$$

结合立方公式，裂缝渗透率变化公式为

$$k_{\mathrm{t}} = k_{\mathrm{f0}} \frac{w_{\mathrm{f}}^3}{w_{\mathrm{f0}}^3} \tag{6-7}$$

式中，K_{ni}——零应力下的刚度，MPa/mm；

JRC——裂缝壁面粗糙度；

JCS——裂缝压缩强度；

a_0——裂缝初始开度，mm；

v_{m}——最大闭合量，mm；

σ_{n}——有效正应力，MPa；

Δa_{n}——正向闭合量，mm；

w_{f}、w_{f0}——水力开度、初始水力开度，mm；

k_{f}、k_{f0}——裂缝渗透率、裂缝初始渗透率，mD。

3. 储层渗流控制方程通式

对特低渗油藏储层中的流体流动建立数学模型，采用黑油模型表征油水两相的渗流情况，油水两相流体渗流满足质量守恒方程，即单位时间控制体内流体变化量等于流入流出量与源汇项之和，则储层的渗流控制方程为

$$\frac{\partial(\phi \rho_i S_i)}{\partial t} = -\nabla(\rho_i V_i) + q_i \tag{6-8}$$

$$V_i = -\frac{k}{\mu_i}\nabla(p_i - \rho_i g Z) \tag{6-9}$$

辅助方程为

$$p_{\mathrm{c}} = p_{\mathrm{o}} - p_{\mathrm{w}} \tag{6-10}$$

$$S_{\mathrm{o}} + S_{\mathrm{w}} = 1 \tag{6-11}$$

式中，ϕ——孔隙度，%；

ρ_i——油相、水相密度，i 为 o 或 w，kg/m³；

S_i——油相、水相饱和度，%；

q_i——单位时间内的流量，m^3/s；

∇——哈米尔顿算子；

k——渗透率，mD；

μ_i——油相、水相黏度，mPa·s。

p_c——毛管力，MPa。

4. 基质系统渗流方程

考虑启动压力梯度、应力敏感效应的基质系统中油水两相渗流的完整表达式为

$$
\begin{cases}
\dfrac{\partial\left(\phi^{m} S_i^{m} \rho_i\right)}{\partial t} = -q_i^{mf}, & |\nabla p| \leqslant \lambda_0 \\[3mm]
\dfrac{\partial\left(\phi^{m} S_i^{m} \rho_i\right)}{\partial t} = \nabla\left[\left(\dfrac{\rho_i k^{m} k_{ri}^{m}}{\mu_i}\right)\left(1 - \dfrac{\lambda_0}{|\nabla p_i^{m}|}\right)\nabla p_i^{m}\right] - q_i^{mf}, & |\nabla p| > \lambda_0
\end{cases}
\tag{6-12}
$$

$$
q_i^{mf} = q_i^{nnc} = \sum_{j=1}^{N_{nnc}} \frac{\rho_i k_{ri}}{\mu_i} \frac{A_j^{nnc} k_j^{nnc}}{d_j^{nnc}}\left[\left(p_i - \gamma_i D\right) - \left(p_i - \gamma_i D\right)_j^{nnc}\right]
\tag{6-13}
$$

式中，角标 m——基质；

角标 f——裂缝；

q_i^{mf}——基质与裂缝通过窜流作用交换的流体流量，kg/s；

q_i^{nnc}——交换传导流量速度，kg/s；

N_{nnc}——非邻接单元的总个数；

k_j^{nnc}——基质中每一个非邻接单元的渗透率和平均值，mD；

d_j^{nnc}——基质中每一个非邻接单元的特征距离，m；

A_j^{nnc}——基质中每一个非邻接单元的接触面积，m^2；

D——流体所在深度，m；

$\left(p_i - \gamma_i D\right)$——基质中某点压力，MPa；

$\left(p_i - \gamma_i D\right)_j^{nnc}$——基质中每个非邻接单元的压力，MPa。

5. 裂缝系统渗流方程

考虑应力敏感效应的基质系统中油水两相渗流的完整表达式为

$$
\frac{\partial\left(\phi^{f} S_i^{f} \rho_i\right)}{\partial t} = \nabla\left[\left(\frac{\rho_i k^{f} k_{ri}^{f}}{\mu_i}\right)\nabla p_i^{f}\right] + q_i^{mf} - q_i^{well}
\tag{6-14}
$$

$$q_i^{\text{well}} = \frac{2\pi\rho_i w^{\text{f}} k^{\text{f}} k_{ri}^{\text{f}}}{\ln\left(\dfrac{r_{\text{e}}^{\text{f}} k_{ri}^{\text{f}}}{r_{\text{well}}}\right)} \cdot \frac{p_i^{\text{f}} - p^{\text{well}}}{\mu_i} \qquad （6-15）$$

其中，

$$r_{\text{e}} = 0.14\sqrt{\left(L_{\text{f}}^2 + h_{\text{f}}^2\right)} \qquad （6-16）$$

式中，q_i^{well} ——从裂缝流入井中的流体质量流速，kg/s；

　　　　r_{e} ——裂缝控制的有效区域，m；

　　　　r_{well} ——井筒半径，m；

　　　　p^{well} ——井底流压，MPa；

　　　　L_{f} ——裂缝长度，m；

　　　　h_{f} ——裂缝高度，m。

6.3　蓄能增渗机理模型建立

特低渗油藏存在注水困难等问题，本节针对研究区块低含油饱和度特低渗透率的主要特征，运用 CMG 数值模拟软件，控制总的注水量相同，模拟油田蓄能增渗开发与连续注水开发，研究优选特低渗油藏开发方式。

6.3.1　机理模型网格划分

机理模型网格划分如图 6-2 所示，机理模型采用了笛卡儿坐标，将 X 方向的网格数设置为 50 个，其步长为 10m。将 Y 方向的网格数设置为 50，步长为 10m。将 Z 方向网格剖分为 10 个，步长为 2m，储层厚度为 20m，裂缝采用 CMG 数值模拟软件自带水力压裂模型刻画。

6.3.2　机理模型参数

1. 基本参数

为研究不同因素对蓄能增渗的影响，使用 CMG 软件 IMEX 模块建立蓄能增渗机理模型，机理模型的基础数据采用研究区块某井测井数据，油藏温度为 60℃，地层压力为 5.28MPa。具体参数如表 6-1 所示。

图 6-2　机理模型网格划分图

表 6-1　蓄能增渗机理模型参数表

参数	值
模型 X/m	500
模型 Y/m	500
模型 Z/m	20
储层渗透率/mD	1.39
原油体积系数	1.283
储层孔隙度/%	14.6
原始含油饱和度	0.45
长对角线井距/m	300
短对角线井距/m	200
裂缝半长/m	50
裂缝渗透率/mD	15000
地层原油黏度/(mPa·s)	4.94
原始地层压力/MPa	5.28
启动压力梯度/(MPa/m)	0.003

2. 相渗曲线

相渗曲线采用本书所测储层岩心相渗数据（见第 4 章）。

3. 毛管力曲线

模型毛管力曲线图如图 6-3 所示。

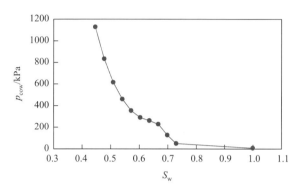

图 6-3　模型毛管力曲线图

采用上述机理模型给定参数进行蓄能增渗开发模拟，所获得采收率如图 6-4 所示。

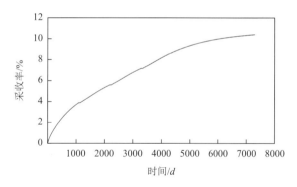

图 6-4　蓄能增渗开发采收率图

由图 6-4 可以看出，在经过蓄能后，采收率可以维持原有趋势稳步上升，蓄能增渗对于提高油藏采收率、补充能量有重要作用，但目前针对蓄能增渗影响显著因素尚不清楚，应展开深入研究。

由图 6-5、图 6-6 可以看出，衰竭阶段地层压力消耗明显，但从含油饱和度场变化可以看出地层内原油被采出很少，地层原油采出程度较低，在注入阶段注入流体后会在注入井周围沿压力缝网形成一片高压区域，经过闷井阶段注入井周围压力可以得到有效扩散，经过蓄能后可以有效提升地层压力，对缓解地层压力亏空、保持地层能量有着显著作用。

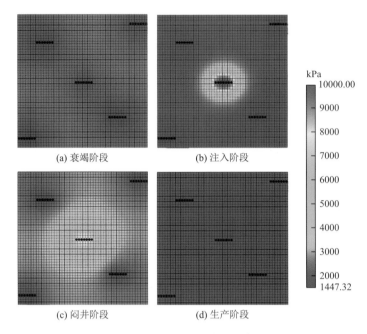

(a) 衰竭阶段　　　　　　(b) 注入阶段

(c) 闷井阶段　　　　　　(d) 生产阶段

图 6-5　蓄能增渗不同阶段压力场图

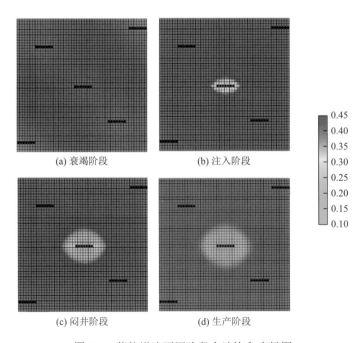

(a) 衰竭阶段　　　　　　(b) 注入阶段

(c) 闷井阶段　　　　　　(d) 生产阶段

图 6-6　蓄能增渗不同阶段含油饱和度场图

6.4　蓄能增渗显著性因素分析

实验研究中，当实验因素较少时，可以考虑进行全面实验。本书中特低渗油藏蓄能增渗开发实验需要同时考虑 6 个实验因素、5 个因素水平，若进行全面实验，实验的规模将很大，需要进行 15625 次实验。由于实验次数过多，进行全面实验不太现实，因此就需要进行正交实验设计。正交实验是能够同时分析多因素多水平的高效快速的实验方法。

6.4.1　正交实验设计的特点和概念

次数少、条件少、花费少、精力小是正交实验的显著特点。通过正交实验，可以用部分实验来代替大量烦琐的实验。

对于本书中的 6 个实验因素和 5 个因素水平，如果通过正交实验进行优选，只需要利用正交表优选出合理的实验即可。以 L9(3^4)为例，对于 3 个实验因素和 4 个因素水平，只需要选出 9 个实验就好，如图 6-7 所示。

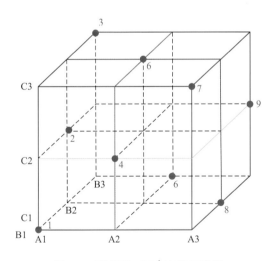

图 6-7　正交表 L9(3^4)实验示意图

实验因素就是指在实验过程中会发生变化的因素。在进行实验的时候，实验因素通常会被赋值或者赋予几种状态，这种情况就被称为因素水平，一般情况下因素水平用底数表示，因素水平可以是具体的值，也可以是模糊的范围概念，如好、中等、差等。

6.4.2　正交实验基本步骤

正交实验主要分为六步。

第一步，设定实验目标与评价标准。首先，明确实验的预期成果和评价指标。在本书研究中，目标是优化五点井网蓄能开采的参数，以实现矿场 20 年的高累产油。为此，我们将注入量、注入速度、压力保持水平、闷井时长和采液速率作为关键参数。

第二步，选择实验因素与设定因素水平。识别影响采收率的关键因素，并为每个因素设定合适的操作水平。这些水平应基于现场条件和实际可行性。

第三步，构建正交实验矩阵。根据所选因素和水平的数量，选择一个合适的正交表。本书研究涉及 6 个因素，每个因素有 5 个水平，因此我们采用 L16(4^5) 正交表来组织实验。

第四步，设计实验表头。设计实验表头以确保数据的清晰记录和分析。本书研究采用 6 个因素和 5 个水平的正交表，其中包含一组用于误差分析的实验，总共设计 25 个实验处理。

第五步，制定实验计划。在正交实验表中填入各因素的不同参数值，形成完整的实验方案。

第六步，分析实验结果。在假设各因素间无显著交互作用的前提下，采用极差分析法对实验结果进行直观分析，以研究对采收率影响最大的因素。正交实验各因素水平表如表 6-2 所示，正交实验 25 组实验设计表如表 6-3 所示。

表 6-2　正交实验各因素水平表

注入量/m³	注入速度/(m³/d)	注入时机（地层压力保持水平）/%	注入轮次/次	闷井时间/d	采液速度/(m³/d)
2000	100	60	2	12	3
3000	125	70	3	16	4
4000	150	80	4	20	5
5000	175	90	5	24	6
6000	200	100	6	28	7

针对建立的蓄能增渗模型，进行参数优化，分别从注入参数，投产参数以及压力保持水平三个方面进行考虑。设计注入量、注入速度、注入轮次、采液速度、闷井时间、地层压力保持水平相关变量的正交实验表，每组变量设计 5 个参数，以累产油为目标函数，通过正交实验，找出影响累产油的主控因素，根

据影响因素的程度进行单一优化，这样可以减小其他变量在优化过程中对进行优化变量的影响。

表 6-3　正交实验 25 组实验设计表

序号	注入量/m³	注入速度/(m³/d)	注入时机（地层压力保持水平）/%	注入轮次/次	闷井时间/d	采液速度/(m³/d)
实验 1	2000	50	60	2	12	3
实验 2	2000	75	70	3	16	4
实验 3	2000	100	80	4	20	5
实验 4	2000	125	90	5	24	6
实验 5	2000	150	100	6	28	7
实验 6	3000	50	70	4	24	7
实验 7	3000	75	80	5	28	3
实验 8	3000	100	90	6	12	4
实验 9	3000	125	100	2	16	5
实验 10	3000	150	60	3	20	6
实验 11	4000	50	80	6	16	6
实验 12	4000	75	90	2	20	7
实验 13	4000	100	100	3	24	3
实验 14	4000	125	60	4	28	4
实验 15	4000	150	70	5	12	5
实验 16	5000	50	90	3	28	5
实验 17	5000	75	100	4	12	6
实验 18	5000	100	60	5	16	7
实验 19	5000	125	70	6	20	3
实验 20	5000	150	80	2	24	5
实验 21	6000	50	100	5	20	4
实验 22	6000	75	60	6	24	5
实验 23	6000	100	70	2	28	6
实验 24	6000	125	80	3	12	7
实验 25	6000	150	90	4	16	3

通过对正交实验不同影响因素的实验结果进行均值和极差分析，得出对特低渗油藏蓄能增渗开发效果最显著的影响因素，如表 6-4 所示。

表 6-4 正交实验结果分析表

因素	注入量/m³	注入速度/(m³/d)	注入时机/%	注入轮次/次	闷井时间/d	采液速度/(m³/d)
均值 1	30936.6	33667.4	33686	34038.8	34133.6	34228.6
均值 2	33741.8	34799.8	34255	34695.6	34592.2	34312
均值 3	35461.6	35457.2	35030	35061	35188.4	35126.5
均值 4	36437.4	35070.4	35311	34857.4	34877.4	34897.6
均值 5	36905	34487.6	35200	34829.6	34690.8	34754.8
极差	5968.4	1789.8	1625	1022.2	1054.8	897.9

根据表 6-4 可知，对特低渗油藏蓄能增渗开发效果具有影响的因素按显著性从大到小排列为：注入量＞注入速度＞注入时机（地层压力保持水平）＞闷井时间＞注入轮次＞采液速度，因此进行单因素优化时，保持其他参数不变，进行注入量的优化，进而确定最佳注入量的情况再进行注入速度的优化，以此类推。

6.5 蓄能增渗工艺参数优化

本节采用 5.3 节所建立矿场尺度数值模拟模型，与矿场生产实际相结合，采用反五点井网，选用先衰竭再注水后闷井再开采，蓄能三个轮次的方式，对单个井组进行生产 20 年的累计产油量为优化指标来优选各种注采参数。

6.5.1 注入量优化

在蓄能开采过程中，注入量是开发时一个重要的参数，合理的注入量有利于提高油藏注水开发效果，一个周期内的注水量会引起地层压力的变化，蓄能开采不同于水驱开采。在低渗透油藏水驱开采过程中，由于油藏低孔、低渗的特征，注入的流体波及范围较小，这样就会在近井地带形成高压地区，很容易达到地层破裂压力。对于低渗透蓄能开采，在注入阶段注入大量的能量，然后关井进行闷井，使近井地带降压，压力在地层中分布更加均匀，但在蓄能增渗开发过程中，要确定合理的注水压力以免过高注入压力造成缝间注入水沿着裂缝发生水窜，降低日产量，影响最终累产油。设定不同蓄能总注入量（2000m³、3000m³、4000m³、5000m³、6000m³、7000m³），以相同的注入速度在不同天数内快速注入完毕，模拟开发 20 年，研究不同蓄能总注入量对于低渗透油藏蓄能开采的影响，从而确定最佳注入量。不同注入量对比结果如表 6-5 所示。

表 6-5　不同注水量对比结果

注入量/m³	累产油/m³
2000	32356
3000	34588
4000	36263
5000	37193
6000	37565
7000	37737

图 6-8、图 6-9 是不同注入量累产油对比图和累产油随注入量增加幅度图，当注入量比较小时，增加注入量，可以很好地补充地层能量，注入井周围的原油逐渐被采出，表现为累产油增加。但随注水量增加，累产油增加幅度越来越小，注入量从 6000m³ 增加到 7000m³ 时累产油仅仅增加了 172m³，说明高注入量情况下能量利用不充分，因此在高注入量的条件下，可以延长生产的时间来提高能量的消耗。

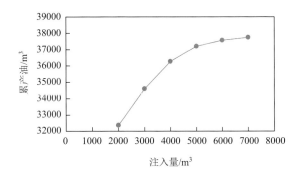

图 6-8　不同注水量累产油对比图

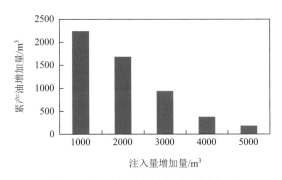

图 6-9　累产油随注入量增加幅度图

由图 6-10、图 6-11 可以看出，在低注水量时注入井周围地层压力并未超出地层原始压力太多，闷井后生产井周围地层压力并未得到有效补充，此时地层平均

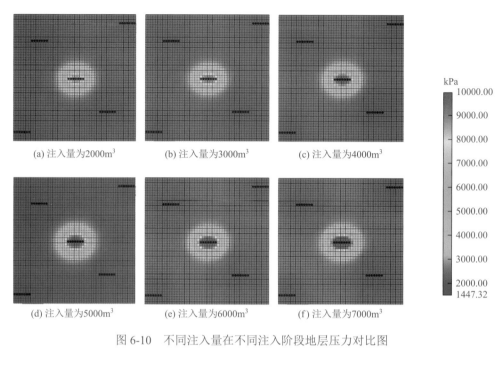

(a) 注入量为2000m³　　(b) 注入量为3000m³　　(c) 注入量为4000m³

(d) 注入量为5000m³　　(e) 注入量为6000m³　　(f) 注入量为7000m³

图 6-10　不同注入量在不同注入阶段地层压力对比图

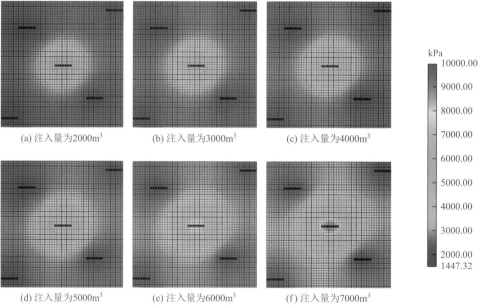

(a) 注入量为2000m³　　(b) 注入量为3000m³　　(c) 注入量为4000m³

(d) 注入量为5000m³　　(e) 注入量为6000m³　　(f) 注入量为7000m³

图 6-11　不同注入量在不同闷井阶段地层压力对比图

压力并未能得到有效的能量补充，因此蓄能后最终采收率较低。随注入量逐渐提升，注入井压力波及范围逐渐扩大。当注入量提升到 6000m³ 时，继续增加注入量，注入井周围压力波及区域不再有明显增加，只是随着注水量增加，注入井中心高压区域压力越来越高，并且高压区域范围也扩大。在闷井后注入井周围压力仍然过高，并未得到有效的扩散，因此过高的注水量并没有使地层得到相对应的能量补充，并且过高的注入量导致的压力提升可能使地层破裂，因此在累产油相差不大的情况下应选择较为合适的注水量（6000m³）。

由图 6-12 可以看出，经过 20 年开采后，地层压力均降到生产井压力范围。不同注入量最终生产结束后压力场并无明显区别，结合不同注入量累产油对比以及不同注入量各个阶段压力场图进行综合分析，当注入量控制在 6000m³ 时，注入阶段压力波及范围达到最大，闷井阶段地层压力扩散较为均匀，地层能量得到有效补充，且再提升注入量对累产油提升并不大，因此最终优选蓄能增渗注入量为 6000m³，此时效果最佳。

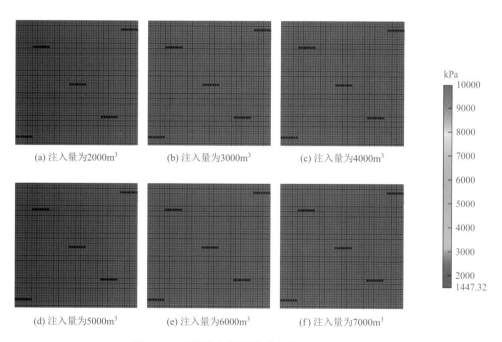

　　(a) 注入量为2000m³　　　　　　(b) 注入量为3000m³　　　　　　(c) 注入量为4000m³

　　(d) 注入量为5000m³　　　　　　(e) 注入量为6000m³　　　　　　(f) 注入量为7000m³

图 6-12　不同注入量最终阶段地层压力对比图

6.5.2　注入速度优化

在蓄能增渗开发的过程中，注入速度也是一个影响累产油的重要参数。根据 3.4 节储层岩心注入速度实验结果显示，注入速度在低渗储层中存在一个最佳值，此时水驱效率达到最好，因此在蓄能增渗注入阶段必然存在一个最佳的注入速度使得注入流体沿注入井注入后能够扩散，最大限度将注入井周围地层的原油驱替至生产井近井地带。在保证总注水量为 6000m³ 的前提下，根据研究区块实际注入速度，分别设计 5 组不同注入速度（50m³/d、75m³/d、100m³/d、125m³/d、150m³/d）。不同注入速度对比结果如表 6-6 所示。

表 6-6　不同注入速度对比结果

注入速度/(m³/d)	累产油/m³
50	37248
75	38682
100	39094
125	38417
150	37465

由图 6-13 可以看出，当注入速度比较小时，增大注入速度，对于累产油提升较大，此时累产油提升幅度最大，但随注入速度增大，累产油增加幅度越来越小，当注入速度达到 100m³/d 时，再增大注入速度累产油反而下降，注入速度继续增大，累产油下降幅度越大。

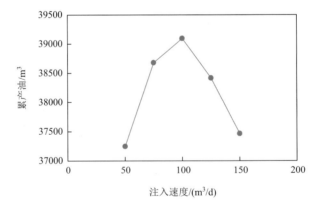

图 6-13　不同注入速度累产油对比图

由图 6-14、图 6-15 可以看出，在相同注水量时，当注入速度较小时，相应的注入时间就会增长，而注入时间增长后，注入阶段整体时间就会增长。这就导致注入流体在注入阶段从注入井周围向四周扩散，在后面的闷井阶段整体地层压力较为均匀，无法在注入井和生产井之间建立有效的驱替压差，从而使得整体采收率较低。而当注入速度较大时，在注入阶段，注入流体完全进入注入井周围，并未形成有效的压力扩散，压力沿注入井及裂缝周围形成一个椭圆形的高压区域，

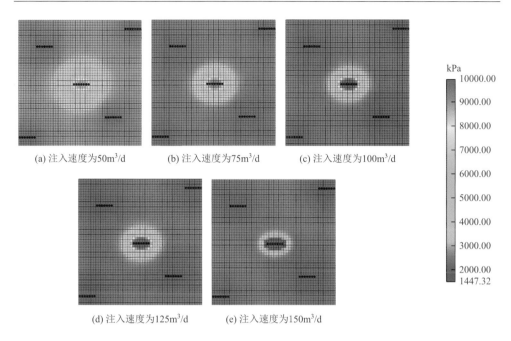

(a) 注入速度为50m³/d　　　　(b) 注入速度为75m³/d　　　　(c) 注入速度为100m³/d

(d) 注入速度为125m³/d　　　　(e) 注入速度为150m³/d

图 6-14　不同注入速度注入阶段压力场对比图

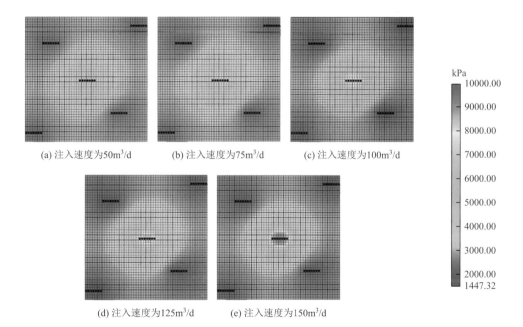

(a) 注入速度为50m³/d　　　　(b) 注入速度为75m³/d　　　　(c) 注入速度为100m³/d

(d) 注入速度为125m³/d　　　　(e) 注入速度为150m³/d

图 6-15　不同注入速度闷井阶段压力场对比图

导致在闷井后注入井附近仍然存在一个高压区域，无法对地层进行有效的能量补充，因此注入速度过大时，累产油无法提高反而下降。而且注入速度过大时，注入井井口压力部分已超过 12MPa，会导致地层破裂和井筒坍塌。结合不同注入速度注入阶段与闷井阶段压力场图以及累产油图，最终优选注入速度为 100m³/d 时，蓄能增渗效果最好。

6.5.3　注入时机优化

蓄能增渗开发低渗透油藏，是在衰竭式开采一段时间后，采取大液量快速注水，然后闷井，通过渗吸作用以及在闷井过程中的压力传播补充地层能量的作用来提高累产油。因此，开始蓄能的时机对于蓄能增渗开采来说也是一个关键的因素，保持其他条件相同，设定不同开始蓄能的时机（地层压力水平分别为 60%、70%、80%、90%、100%），模拟开发 20 年，以累产油为指标，研究蓄能注入时机对于蓄能开采的影响，确定最佳蓄能时机。不同注入时机对比结果如表 6-7 所示。

表 6-7　不同注入时机对比结果表

注入时机/%	累产油/m³
60	36972
70	38185
80	38899
90	39147
100	39338

由图 6-16 可以看出，当油藏被开发到地层压力较低时，累产油较低，蓄能增渗效果并不好。这是由于油藏天然能量大幅下降后，地层流体并不活跃，再次注入流体无法建立油藏地层能量较高时的原始驱替体系。注入流体压力波及范围并不能够平均波及整个地层，注入流体不能均匀地提升整个地层的能量，只能够提高注入井近井地带的压力，而对于远井地带以及生产井周围的压力并无明显影响，使得这些区域的原油无法被动用。当油藏保持地层能量较高时，累产油更多，蓄能效果更好，这是由于注入水在地层能量充足时，可以提供较高的驱替压力，使得整体地层能量较为充沛，从而建立更高的驱替压力梯度，此时整体地层能量与注入井注入能量同时动用，使得油藏开发初期产油量增加，蓄能

效果更好。因此注入时机越早，蓄能效果越好，累产油越高，注入时机越早对于蓄能增渗开发越好。

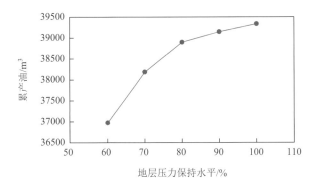

图 6-16　不同注入时机累产油曲线

6.5.4　闷井时间优化

低渗透油藏蓄能开发时，闷井时间主要影响渗吸的效果，闷井时间越长，渗吸时间越长，油水可以实现充分交换，更多基质中的原油被置换出来，裂缝中含水率升高，更多原油集中在裂缝附近，更容易被开采出来。

根据建立的反五点井网蓄能增渗模型，保持其他条件相同，设计了 5 组不同闷井时间（12d、16d、20d、24d、28d），研究不同闷井时间下的开采效果，确定最佳闷井时间，其模拟结果如表 6-8 所示。

表 6-8　不同闷井时间开采效果对比结果

闷井时间/d	累产油/m³
12	38505
16	38917
20	39147
24	38904
28	38149

由图 6-17 可以看出，当闷井时间为 12d 时累产油为 38505m³，闷井时间为 16 天时累产油为 38917m³，闷井时间为 20d 时累产油为 39147m³，此时累产油达到最大值，当闷井时间大于 20d 后累产油便开始逐渐下降。延长闷井时间虽然可以

延长地层渗吸时间，增强地层的蓄能效果，更好补充地层能量，但是延长闷井时间也意味着生产时间的相对缩短，因此闷井时间应该和注入时间相适应，这样才能更好地提高闷井蓄能效果，最终优选最佳闷井时间为20d。

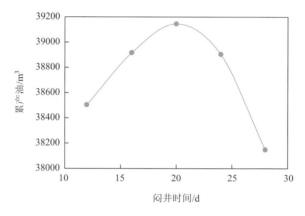

图6-17　不同闷井时间累产油对比图

由图6-18、图6-19分析可以得出，当闷井时间过短时，注入井周围压力并没有波及生产井周围，没有对生产井起到能量补充的作用，注入井中心仍存在着小范围的高压区域。随着闷井时间的延长，注入井压力波及范围越来越大，注入的

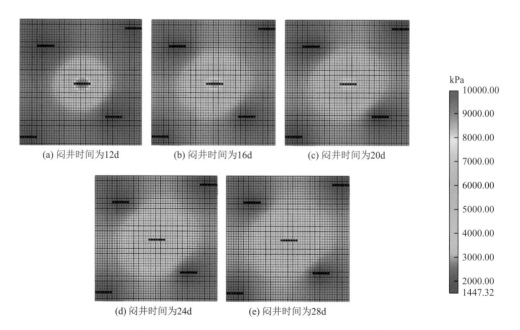

(a) 闷井时间为12d　　(b) 闷井时间为16d　　(c) 闷井时间为20d

(d) 闷井时间为24d　　(e) 闷井时间为28d

图6-18　不同闷井时间闷井阶段地层压力对比图

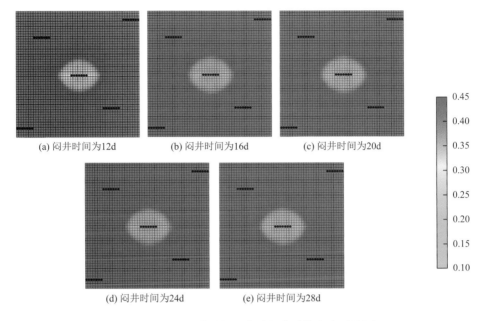

(a) 闷井时间为12d　　　　(b) 闷井时间为16d　　　　(c) 闷井时间为20d

(d) 闷井时间为24d　　　　(e) 闷井时间为28d

图 6-19　不同闷井时间闷井阶段含油饱和度对比图

流体在地层内得到扩散，地层压力逐渐趋于平缓。但过长的闷井时间导致注入的流休均匀扩散到地层内，并未在注入井和生产井之间建立良好的驱替压差，而当闷井时间过短时，在注入阶段注入的流体并没有能够通过低渗透油藏的渗吸置换效应驱替出小孔隙内的原油。由图 6-18 可以看出，当闷井时间为 20d 时，再增加闷井时间，有效压力波及范围并不会扩大，反而注入井压力会下降，因此当闷井时间为 20d 时压力波及范围达到最大，此时注入井和生产井之间存在良好的驱替压差，累产油量达到最大。优选闷井时间为 20d，此时注入流体既利用了特低渗油藏高毛管力的特征，在闷井阶段置换出了孔隙中的原油，也利用了驱替机理在生产井和注入井之间建立了良好的驱替压差，此时蓄能增渗效果最佳。

6.5.5　注入轮次优化

在特低渗油藏蓄能增渗过程中，蓄能的轮次不仅影响总的闷井时间，而且也影响生产的时间，由前文岩心不同注入时间实验可以看出，较少的注入轮次并不能很好地利用低渗透油藏的渗吸效果，无法使储层原油通过多次置换而被开采出来，而过多的轮次不仅没有起到置换作用，还使生产的时间相对缩短，确定蓄能增渗过程的注入轮次在特低渗油藏蓄能增渗开发中较为重要。保持其他条件相同，设定不同注入轮次（2 次、3 次、4 次、5 次、6 次），模拟开发 20 年，以累产油为指标，研究蓄能注入时机对于蓄能开采的影响，确定最佳蓄能注入轮次。不同注入轮次累产油对比结果如表 6-9 所示。

表 6-9　不同注入轮次累产油对比结果

注入轮次/次	累产油/m^3
2	38841
3	39338
4	39318
5	39324
6	39249

由图 6-20 可以看出，注入轮次为 2 次时累产油为 38841m^3，在注入轮次为 3 次时累产油达到 39338m^3，此时产油达到最高，超过 3 次以后，蓄能次数和时间过多，使得生产时间缩短，累产油略微下降，因此优选注入轮次为 3 次。

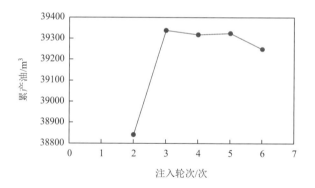

图 6-20　不同注入轮次累产油曲线

6.5.6　采液速度优化

在特低渗油藏开发过程中，由于储层具有较强的应力敏感现象，过高的采液速度会导致储层压力下降过快，进而影响储层的渗透率，导致单井产量下降严重，采用快速注水时，采液速度也直接影响储层的压力变化。因此，在蓄能增渗开采低渗透油藏的时候，要确定合理的采液速度，保持其他条件相同，对单井设置不同的采液速度（2m³/d、3m³/d、4m³/d、5m³/d、6m³/d），整个反五点井网井组采液速度则为 8m³/d、12m³/d、16m³/d、20m³/d、24m³/d，对比各方案下累产油量。不同采液速度累产油对比结果如表 6-10 所示。

表 6-10　不同采液速度累产油对比结果

采液速度/(m³/d)	累产油/m³
2	29948
3	39338
4	39658
5	39758
6	39811

由图 6-21 可以看出，当单井采液速度为 2m³/d 时，生产过程中压力降落不大，地层压力整体并未降到生产井周围压力水平，说明在该采液速度下，地层能量完全可以满足此采液速度，注入井补充的地层能量并未利用完全，当采液速度大于 3m³/d 后，生产过程中的压力差变化几乎不大，说明此时的地层能量供液能力达到最佳，且增大采液速度并不能提高累产油量，但过高的采液速度会导致生产过快，使注入水快速向附近采油缝渗流，导致生产井含水率快速上升。

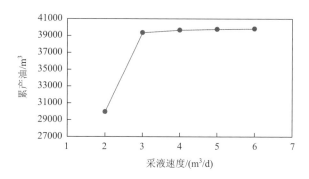

图 6-21　不同采液速度累产油对比图

由图 6-22、图 6-23 可以看出，当单井采液速度为 2m³/d 时，地层压力下降较为缓慢，且生产井周边含油饱和度下降不大，当单井采液速度大于 3m³/d 后生产过程中含油饱和度场与压力场变化不大，说明此时采液速度与地层能量的消耗处于合理的水平，再增大采液速度无法提高累产油量，且会加剧地层能量的消耗。因此，综合考虑最佳单井采液速度为 3m³/d，井组为 12m³/d。

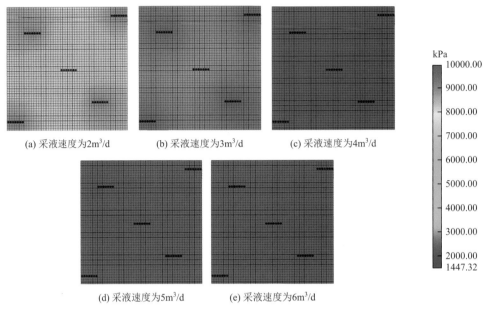

图 6-22　不同采液速度采液阶段压力场图

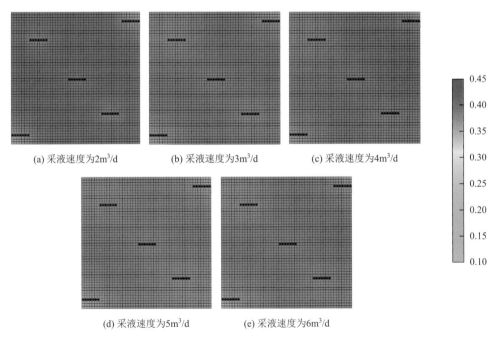

图 6-23　不同采液速度采液阶段含油饱和度场图

6.6　水平井蓄能增渗关键参数优化

6.6.1　正交实验设计

正交实验设计如表 6-11 所示，模型数据如表 6-12 所示。

表 6-11　正交实验设计表

注入量/m³	注入速度/(m³/d)	闷井时间/d	采液速度/(m³/d)	压力保持水平/a
3000	430	16	3	4
4000	500	19	4	5
5000	600	23	5	6
6000	750	26	6	7

表 6-12　模型数据表

参数	值	参数	值
孔隙度	0.08	注入时间/d	10
渗透率/mD	0.5	裂缝半长/m	120
含油饱和度/%	53	裂缝间距/m	110
地层原始压力/MPa	16	裂缝条数/条	8
模型 X/(m×m)	81×10	注入量/m³	5000
模型 Y/(m×m)	51×10	注入速度/(m³/d)	500
模型 Z/(m×m)	2×4	压力保持水平/a	5
水平井段长/m	800	闷井时间/d	12
井网模型	联合七点井网	采液速度/(m³/d)	5
生产时间/a	5	油藏埋深/m	2000

　　针对建立的水平井蓄能增渗模型，进行参数优化，分别从注入参数、投产参数以及压力保持水平三个方面进行考虑。设计注入量、注入速度、采液速度、闷井时间、压力保持水平相关变量的正交实验表（表 6-13），每组变量设计 4 个参数，以采收率为目标函数，通过正交实验，明确出影响采收率的主控因素，根据影响因素的程度大小进行单一优化，这样可以减小其他变量在优化过程中对进行优化变量的影响。

表 6-13　正交实验表

因素	注入量/m³	注入速度/(m³/d)	闷井时间/d	采液速度/(m³/d)	压力保持水平/a	采收率/%
实验 1	3000	430	16	3	4	28.2681
实验 2	3000	500	19	4	5	26.4238
实验 3	3000	600	23	5	6	24.0543
实验 4	3000	750	26	6	7	23.3016
实验 5	4000	430	19	5	7	28.8179
实验 6	4000	500	16	6	6	27.7579
实验 7	4000	600	26	3	5	27.7661
实验 8	4000	750	23	4	4	28.5958
实验 9	5000	430	23	6	5	32.2205
实验 10	5000	500	26	5	4	32.0796
实验 11	5000	600	16	4	7	29.1786
实验 12	5000	750	19	3	6	26.6846
实验 13	6000	430	26	4	6	32.5398
实验 14	6000	500	23	3	7	31.7392
实验 15	6000	600	19	6	4	32.4544
实验 16	6000	750	16	5	5	31.0096

根据正交实验表建立出水平井蓄能增渗机理模型，得出结果如表 6-14 所示。

表 6-14　显著性表

	注入量/m³	注入速度/(m³/d)	闷井时间/d	采液速度/(m³/d)	压力保持水平/a
F 比	122.423	31.615	1	0.742	21.897
显著性	显著	显著	不显著	不显著	显著

注：F 比是在方差分析（ANOVA）中使用的统计量，用于比较各因素的方差与误差方差的比值。

由表 6-14 和图 6-24 所示，我们可知显著性从大到小排列为：注入量>注入速度>压力保持水平>闷井时间>采液速度，其中注水量、注入速度、压力保持水平为显著性因素，其余为不显著因素，因此进行单因素优化时，保持其他参数不变，进行注水量的优化，进而确定最佳注水量的情况再进行注入速度的优化，以此类推。

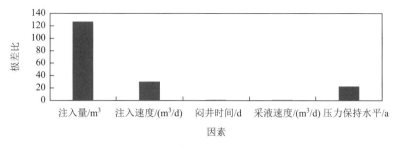

图 6-24　正交实验显著性对比图

6.6.2　注入量优化

在水平井段长度为 800m，裂缝半长为 120m，裂缝数量为 8 条，裂缝导流能力为 10D·cm 的条件下，设定不同蓄能总注入量（2000m³、3000m³、4000m³、5000m³、6000m³、7000m³），模拟开发 20 年，研究不同蓄能总注入量对于低渗透油藏蓄能开采的影响，从而确定最佳注入量，结果如表 6-15 所示。

表 6-15　注水量对比结果

注入量/m³	含水率/%	累产油/m³
2000	44.8	40280
3000	48.5	43089
4000	69.7	45037
5000	85.16	46358
6000	90.72	47206
7000	95.4	46970

由表 6-15 和图 6-25 可以看出，随着注入量的不断增加，累产油逐渐增加，含水饱和度逐渐提高，累产油增幅逐渐降低，综合考虑最佳蓄能注入量为 6000m³。

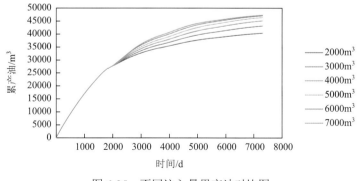

图 6-25　不同注入量累产油对比图

由图 6-26 可以看出，随着注入量的增加，蓄能前后压力差增加，但是在相同的生产时间下，不同注入量情况下压力差下降幅度差不多，说明高注入量情况下能量利用不充分，因此在高注入量的条件下，可以延长生产时间来提高能量的消耗，从而提高采油量。

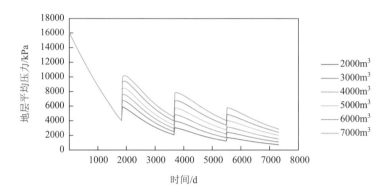

图 6-26　不同注入量地层平均压力对比图

由图 6-27 可以看出，随着注入量的增加，水相的波及范围逐渐变广。当注水量比较小时，增加注水量，可以很好地补充地层能量，注入井周围的原油逐渐被采出，表现为累产油逐渐增加；从压力场图可以看出，当注水量较少时，整个油藏压力分布比较均匀，能量利用率较高，但是随着注水量的增加，更多的能量集中在生产井附近，因此可以通过延长闷井时间，来达到让注入井附近压力有效传播到生产井附近的目的，提高注入能量的利用效率。

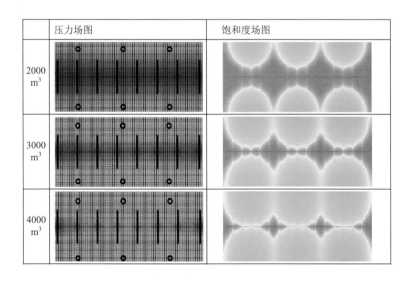

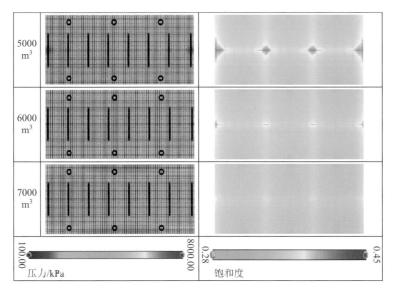

图 6-27　不同注水量的压力场、饱和度场图

由此可以得出，不同注水量有与之对应的合理的闷井时间和生产时间，在保证闷井时间和生产时间不变的情况，调整注水量，使之与闷井时间、生产时间达到匹配。

6.6.3　注入速度优化

注入速度是蓄能开采过程中的一个重要参数，注入过程相当于对地层能量进行补充的过程，注入速度越快，能量补充的速度越快，采油的速度也越快，而注入速度增大到一定值后，注入水容易沿着裂缝突进，导致生产井提前见水，影响蓄能的效果，因此，注入过程中会存在以下最优注入速度。分别设计 6 组不同注入速度（375m³/d、430m³/d、500m³/d、600m³/d、750m³/d、1000m³/d），对比分析得出最佳注入速度，结果如表 6-16 所示。

表 6-16　不同注入速度累产油对比结果

注入速度/(m³/d)	累产油/m³
375	47555
430	47789
500	47880
600	46970
750	45388
1000	42416

由表 6-16 可以看出，随着注入速度的增大，累产油先逐渐增大，当注入速度达到 500m³/d，累产油达到最高（为 47880m³），然后随着注入速度的增大，累产油开始逐渐下降，当注入速度为 1000m³/d 时累产油下降幅度巨大。

由图 6-28、图 6-29 可以看出，当注入速度为 500m³/d 时，蓄能后压力提升最高，生产前后压差也最大，当注入速度为 1000m³/d 时，只有第一次快速注入速度起到了蓄能的效果，第二次、第三次没有起到蓄能的效果，说明该注入速度下，注入能量很快波及生产井，导致生产井提前见水，影响蓄能效果，因此不能采用过大的注入速度进行蓄能开采，该条件最佳注入速度为 500m³/d。

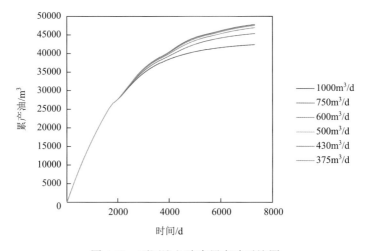

图 6-28 不同注入速度累产油对比图

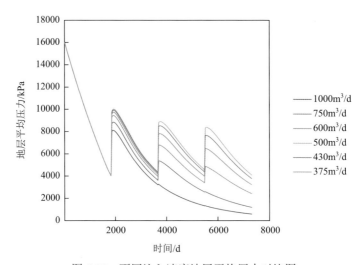

图 6-29 不同注入速度地层平均压力对比图

　　由图 6-30 可以看出，当注入速度为 $1000m^3/d$ 时，整个油藏含油饱和度较高，有大部分原油聚集在生产井周围；注入速度为 $500m^3/d$ 时整个油藏含油饱和度最低，但是仍然有大部分能量聚集在注入井周围，因此在该注入速度下，可以适当延长闷井时间。

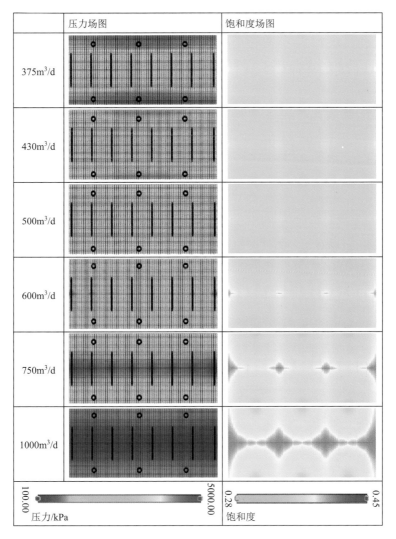

图 6-30　不同注入速度的压力场、饱和度场图

6.6.4　压力保持水平优化

　　蓄能增渗开发低渗透油藏，是在衰竭式开采一段时间后，采取大液量快速注

水，然后闷井，通过渗吸作用以及在闷井过程的压力传播补充地层能量的作用来提高采收率，因此开始的蓄能时机对于蓄能增渗开采来说也是一个关键的因素。因此，设定不同开始蓄能时机（3a、4a、5a、6a、7a、8a），模拟开发 20 年，以累产油为指标，研究蓄能时机对于蓄能开采的影响，确定最佳蓄能时机，结果如表 6-17 所示。

表 6-17　不同蓄能时机累产油对比结果

蓄能时机/a	累产油/m³
3	48127
4	47983
5	47880
6	46263
7	45836
8	43960

由表 6-17 可以看出，蓄能时机越提前，累产油越高，因为越早蓄能，对于地层能量的补充越充足，累产油也就越高。蓄能时机为 3 年时的累产油比蓄能时机为 4 年的累产油要高。因此蓄能时机越早越好，当衰竭式开采的日产油开始大幅度降低即可开始转为蓄能开采。

由图 6-31、图 6-32 可知，蓄能时机越早，地层平均压力越高，蓄能效果越好，累产油越高，因此蓄能时机越早对于蓄能增渗开发越好。

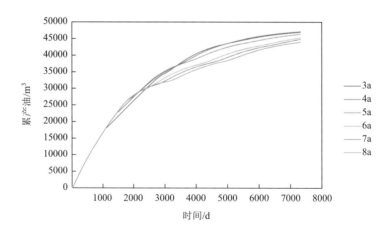

图 6-31　不同蓄能时机累产油对比图

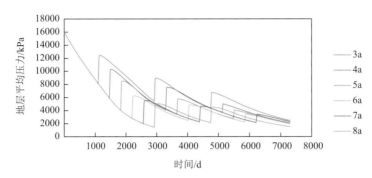

图 6-32　不同蓄能时机地层平均压力对比图

6.6.5　闷井时间优化

低渗透油藏水平井蓄能开发时，闷井时间会影响开发效果，在渗吸作用下，闷井时间越长，注入的高能流体能在基质内充分实现油水置换，裂缝中的含水饱和度逐渐降低，基质中含水饱和度逐渐升高，原油集中在裂缝周围，开井后排液期较短，快速见油。

本书根据建立的联合七点井网蓄能增渗模型，设计了 6 组不同闷井时间（12d、16d、19d、23d、26d、30d），研究不同闷井时间下的开采效果，以确定最佳闷井时间。不同闷井时间累产油结果如表 6-18 所示。

表 6-18　闷井时间对比结果

闷井时间/d	累产油/m³
12	48127
16	48352
19	48334
23	48021
26	47783
30	47554

由表 6-18 可以看出，当闷井时间为 12d 时累产油为 48127m³，闷井时间为 16d 时累产油为 48352m³，此时采收率达到最大值，当闷井时间大于 16d 后采收率便开始逐渐下降。延长闷井时间虽然可以延长地层渗吸时间，增强地层的蓄能效果，更好补充地层能量，但是延长闷井时间也意味着生产时间的相对缩短，且闷井时间应该和注入时间相适应，这样才能更好地提高闷井蓄能的效果，但闷井时间对于地层平均压力的影响不大，进而对蓄能增渗开发效果影响不大。因此，最佳闷井时间为 16d。

6.6.6　采液速度优化

低渗透油藏蓄能增渗开发过程中存在明显的应力敏感现象，地层压力下降过快会导致较强的应力敏感效应，严重影响储层的渗透率，进而影响单井产量。采用大液量快速注水方式进行周期注水开发时，生产阶段的采液速度直接影响周期内地层压力的下降幅度，另外，强注方式也会导致注入水快速向采油缝渗流，使采油缝过早见水，影响最终产量。因此，在蓄能增渗开发方式中，确定合理的采液速度至关重要。为分析采液速度对蓄能增渗采开发效果的影响，设置不同的采液速度（2m³/d、3m³/d、4m³/d、5m³/d、6m³/d、7m³/d），对比各方案下累产油（表 6-19）。

表 6-19　采液速度对比结果

采液速度/(m³/d)	累产油/m³
2	38449
3	44995
4	47852
5	48352
6	48423
7	48318

由表 6-19 可以看出，在采液速度较低时，加快采液速度可以大幅度提高累产油，这是因为在蓄能过后，地层能量充足，能够满足当前采液速度的能力消耗；当采液速度超过 5m³/d，继续加快采液速度，累产油变化不大。当采液速度大于 6m³/d 后，累产油开始下降，因此优选采液速度为 6m³/d。

由图 6-33、图 6-34 可以看出，当采液速度为 2m³/d 时，生产过程中压力降低幅度不大，说明此时地层能量完全可以满足此采液速度，当采液速度大于 5m³/d

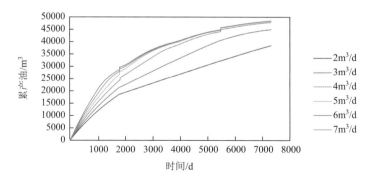

图 6-33　不同采液速度累产油对比图

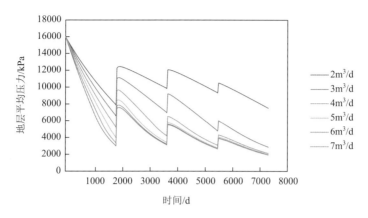

图 6-34　不同采液速度下地层平均压力对比图

后，生产过程中的压力差变化几乎不大，说明此时的地层能量供液能力达到最佳，加快采液速度并不能提高累产油量，且生产过快会导致注入水快速向附近采油缝渗流，从而导致含水率快速上升，因此综合考虑最佳采液速度为 $6m^3/d$。

第7章　低渗特低渗油藏水平井开采参数优化研究

7.1　低渗透油藏补充能量方式优化

7.1.1　低渗透油藏补充能量方式

1. 注水吞吐

注水吞吐主要分为注水、闷井、采油三个阶段，矿场试验证明注水吞吐对提高驱油效率、补充地层能量具有一定的作用。对于具有压力系数低、天然能量不足、初期产量递减快的储层来说，注水吞吐是一种有效的驱油方式，其开采机理如图 7-1 所示。注水初期，随着原油开采，地层压力不断降低，需要通过注水及时补充地层亏损的压力。随着注入时间的不断增加，水平井周围的地层压力不断上升，在较高的压力下将近井地带的油驱至远处。在闷井过程中油水发生置换，注入水下沉从而使油水界面上升，水不断向外扩散导致压力不断下降，直至油在上层时压力恢复稳定，开井生产阶段地层能量随着原油被采出而不断降低。

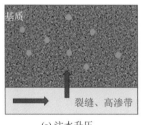
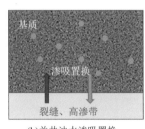
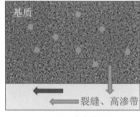

(a) 注水升压　　　　　　　(b) 关井油水渗吸置换　　　　　　(c) 采油降压

图 7-1　注水吞吐开采机理

2. 热水吞吐

热水吞吐主要包括注热水和冷水非混相采油，通过注热水提高采收率的主要作用机理是降黏、热膨胀、改变润湿性等。原油主要由烃类物质以及少量的非烃物质组成，烃类物质中包含的氧、硫、氮等形成一层具有较强吸附性的膜，其性质与油水物性不同。热水以较高的温度注入时会改变分子之间的作用力，油水之间的作用力开始改变。一般情况下，界面张力随着温度的升高而降低，界面张力越低，储层中的原油越容易被水驱出，从而提高储层的驱油效率。

在生产过程中储层原油被不断采出，地层压力不断下降，通过热水吞吐可以提高储层温度，储层岩石及流体受热膨胀可以补充地层能量的亏损，提高采油效率。

3. N_2 吞吐

N_2 吞吐是利用 N_2 具有较好的膨胀性和压缩性，可以对快速下降的地层进行能量补充。因为 N_2 相较于其他气体（CO_2、CH_4）具有更高的混相压力。通过研究及物理模拟计算得出 N_2 的混相压力一般为 50～100MPa，正好利用 N_2 难溶于原油、良好的膨胀性这些特征提升地层压力。N_2 与原油相比具有一定的密度差，原油密度大于 N_2 密度，在储层中，N_2 作为气体浮在原油上方，形成了超覆现象，并且 N_2 可以发挥气体的扩散作用进入微小孔隙中，将较小裂缝或微小孔隙中的原油驱替出来，从而达到降低含油饱和度的目的。

4. CO_2 吞吐

CO_2 吞吐的主要作用机理是补充地层能量，吞吐的整个过程是通过注入井向地层注入一定的 CO_2，通过关井充分发挥 CO_2 的作用，让原油与其混溶，接着开井生产。CO_2 吞吐提高驱油效率的主要作用机理有：注入的 CO_2 到达储层时一般是超临界状态，可以降低油水界面张力，萃取原油中的轻质组分。CO_2 在储层条件下极易与原油互溶，与原油发生混相从而降低原油黏度；进入储层中的 CO_2 可以到达微小孔隙，可以扩大波及面积，并且提高毛细管油的驱油效率。CO_2 具有良好的膨胀性，可以使原油体积膨胀 10%～100%，为驱油提供动力。

7.1.2　不同注入介质优选

低渗透油藏在弹性开采过程中能量衰竭较快，在保持地层能量的条件下以较高的采油速度开采则需要及时补充能量。利用 CMG 的组分模型对不同注入方式（CO_2、N_2、20℃水和 80℃水吞吐）进行模拟研究，对不同注入方式的机理进行研究，并建立相应的吞吐模型对比分析。

利用计算机建模组分（Computer Modelling Group，CMG）模型对不同注入方式（CO_2、N_2、20℃水和 80℃水吞吐）进行模拟研究，将采收率及累产油作为分析评定依据，数据模拟结果如图 7-2 和图 7-3 所示。结果表明 CO_2 吞吐的开发效果最好，20 年生产末期 CO_2 吞吐采收率为 4.69%，N_2 吞吐次之，采收率达到了 4.00%，20℃水吞吐的效果最差，采收率仅为 3.32%。整个吞吐的过程达到补充地层能量、降低含油饱和度的目的，因此，优先选取 CO_2 吞吐的注入方式。

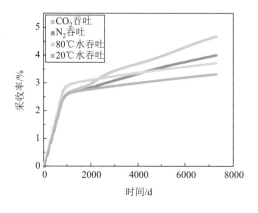

图 7-2　不同注入介质下的采收率

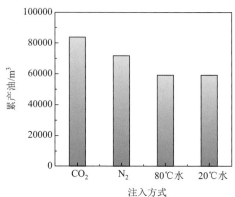

图 7-3　不同注入方式下的累产油

对比 CO_2、N_2、20℃水、80℃水吞吐下的采收率，可以得出 CO_2 吞吐在生产前三年的效果并不突出，与其他三种注入方式下的采收效果基本一样，但是随着生产时间的增加，CO_2 吞吐的优势逐渐体现出来。生产模拟时间为 20 年，CO_2 吞吐的累产油量达到了 83033.7m³，对比 20℃水的累产油量提高了 38.39%。结果表明在低渗透油藏水平井分段压裂模式下，气体相较于液体具有更好的流动性，更能充分发挥裂缝优势，与地层中的原油互溶反应，从而起到补充能量的作用以达到较高的产能。

不同注入方式下压力变化如图 7-4 所示，含油饱和度变化如图 7-5 所示。对比变化趋势可以看出，CO_2 吞吐过后裂缝和靠近水平井区域的能量补充及原油驱替效果相较于其他三种方式较好。在生产两年之后，CO_2 吞吐方式下的地层压力下降较缓慢，尤其是水平井周围的压力在 CO_2 的不断注入下得到了有效补充，说明水平井周围压力随着 CO_2 不断注入地层而逐渐增加，CO_2 在较高的地层压力下驱替近井端的可流动原油，同时发生指进而进入远处地层。在注入阶段，地层能量得到补充，生产井控制范围内的压力也不断升高。注入之后开始闷井，一般闷井时间与注入时间、流体性质相关。在这一阶段中，注入的 CO_2 与原油充分反应发生萃取作用，主要提取原油中的轻质组分，达到降黏、原油膨胀、降低界面张力的作用。闷井结束之后，进行吞吐的最后一步采油，原油会随注入的 CO_2 流向井筒。

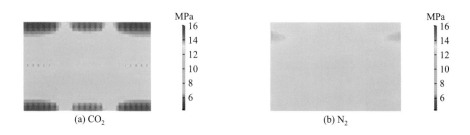

(a) CO_2　　　　　　　　　　　　　　(b) N_2

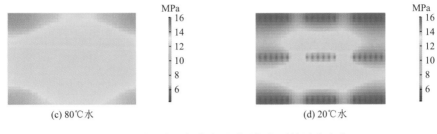

图 7-4　不同注入方式在开采两年之后的压力变化

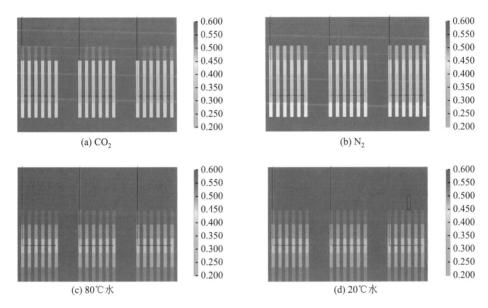

图 7-5　不同注入方式下的含油饱和度

7.1.3　井网形式优选分析

水平井相对于直井而言具有泄油面积大、初期产量高的优势，尤其针对低渗透油藏水平井分段压力技术可以最大限度地提高初期产能，因为对于井型的选择而言，直接选用水平井。对于水平井分段压裂的井网设计，很多学者提出了不同井网类型的开发方式，本节设计了五点交错井网、七点正对井网、七点交错井网、九点正对井网、九点交错井网这 5 种井网类型进行优化对比，井网形式如图 7-6 所示。

根据油田的地质参数、开发参数等建立机理模型进行研究采用 CO_2 吞吐的开发方式，生产时间为 20 年。图 7-7 给出了模拟时间为 20 年时，不同井网形式下的含油饱和度分布。

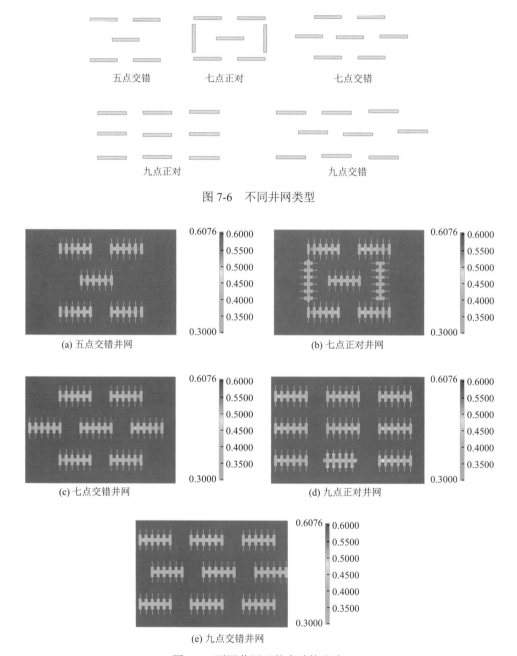

图 7-6 不同井网类型

图 7-7 不同井网下的含油饱和度

经过计算，5 种不同井网形式下采收率结果如图 7-8 所示。在总注入量、井网面积相同的条件下，五点井网形式下的采收率最差为 2.93%，九点交错井网采收率最高为 4.54%，因此后续的研究都基于九点交错井网进行研究。

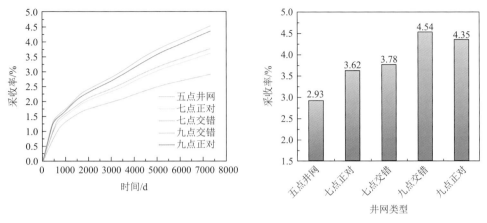

图 7-8　不同井网的采收率

7.2　水平井注水注气平板模型模拟

7.2.1　实验方法及原理

　　实验设备由驱动系统和采出测量系统组成。驱动系统采用氮气作为压力源，通过压力稳定装置精确控制驱替压力。采出测量系统通过微流量计精确测量流速，通过电子天平精确测量采出井产量。以反九点井网为例，研究低渗透油藏水平井压裂条件下岩心注水、热水、CO_2 平板驱替实验，实验模型如图 7-9 和图 7-10 所示。

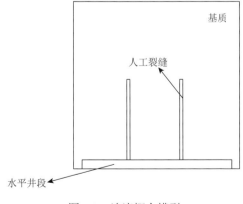

图 7-9　渗流概念模型

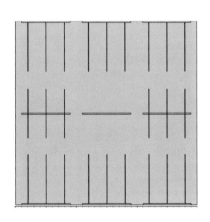

图 7-10　反九点井网实验平板模型

7.2.2　注水驱替结果分析

1. 注水驱替压力分布

基于反九点井网建立注水驱替平板模型，分析注水对致密平板的驱油效果影响。实验模拟过程中原始地层压力为12MPa，注入井注入压力为15MPa，采油井井底压力为8MPa。图7-11分别为低渗透油反九点井网注水驱替平板实验模拟过程中的压力变化。

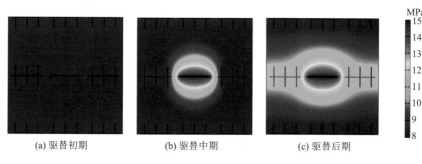

　　(a) 驱替初期　　　　　　　(b) 驱替中期　　　　　　　(c) 驱替后期

图 7-11　注水驱替压力变化

由图7-11可以看出，在注水初期平板压力下降较快，这是因为平板模型为实验尺寸，井与井之间的距离远远小于实际矿场下的距离，因此驱替初期压力较模拟原始地层压力下降较快。随着驱替过程的进行，中间注入井的压力随着注水量不断增加而上升，到达驱替后期时，距离注入井较近的两口生产井压力较其他生产井下降缓慢。

2. 注水驱替含油饱和度分布

注水驱替含油饱和度变化如图7-12所示，从含油饱和度变化图可以看出在驱替初期，平板模型下的含油饱和度较高；随着驱替的进行，在驱替中期时，含油饱和度随着注水量的增加而降低，注入井周围的含油饱和度明显下降；直至驱替末期，整个平板的含油饱和度与驱替初期相比有了较明显的下降。

根据注水驱替下的压力及含油饱和度变化可以得出，注水驱对于提高驱替效率具有一定的作用。随着驱替的进行，生产井周围的压力不断上升，并且不断向更远处扩散、波及。随着注水压力的增加，驱替初期至驱替后的压力波及范围逐渐增大。平板模型参数参考实际目标区块下的实际参数，由于平板渗透率较低，储层致密，仍有一部分压力未波及区域。

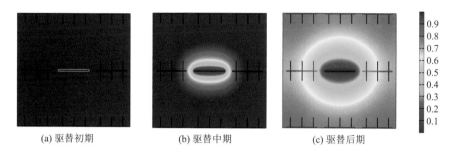

(a) 驱替初期　　　　　(b) 驱替中期　　　　　(c) 驱替后期

图 7-12　注水驱替含油饱和度变化

7.2.3　注热水驱替结果分析

1. 注热水驱替压力分布

分析注入水温度对驱油效率的影响,采用同样的模型条件,基于井网形式进行热水驱模拟,注入热水的温度为 70℃,图 7-13 为平板反九点井网注热水实验模拟过程中的压力变化。

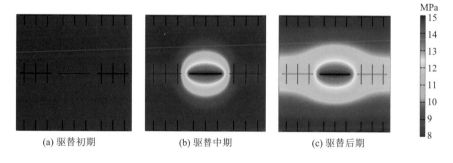

(a) 驱替初期　　　　　(b) 驱替中期　　　　　(c) 驱替后期

图 7-13　热水驱替压力变化

由图 7-13 可以分析得出,驱替开采初期的压力分布与注水下的压力分布情况相差不大,直至驱替中期时,较高的热水温度有效地提高了注入井周围的压力,并且扩大了压力波及范围。驱替后期时,注入井周围的压力不断上升,并且注入井左右两边的生产井压力下降较缓慢,相比同一时期下的注水情况,注热水具有明显的补充能量及提高驱油效率的作用。

2. 注热水驱替含油饱和度分布

根据注热水下的含油饱和度变化可以得出,随着驱替的进行,含油饱和度不断下降，注入井周围的含油饱和度下降最明显，含油饱和度从初始条件下的 100% 下降至大约 68%，如图 7-14 所示。

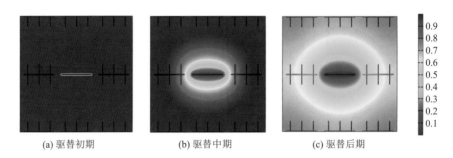

(a) 驱替初期　　　　　(b) 驱替中期　　　　　(c) 驱替后期

图 7-14　热水驱替含油饱和度变化

由图 7-13、图 7-14 可见以较高的热水温度对于地层压力、含油饱和度有一定的影响，注热水可以提升地层压力，及时补充地层亏损的能量，降低含油饱和度。分析其主要原因是：对于致密储层来说，原油储存于微小孔隙中，驱使孔隙中油流动的动力来源于油所受到的两端压差以及油滴上的毛细管压力；当提高注入介质的温度时，储层原油受热体积系数增加，此时地层压力也随之上升，从而降低油水界面张力从而减小毛细管压力，达到提高原油流动的目的；此外，注入热水能够起到降低原油黏度，注入水可以更稳定地推进，使水驱波及体积和驱油效率增大，从而降低含油饱和度。

7.2.4　注 CO_2 驱替结果分析

1. 注 CO_2 驱替压力分布

CO_2 作为一种常见气体，相较于水不仅有更好的扩散性及流动性，而且 CO_2 会与原油发生互溶，降低原油黏度，扩大原油膨胀系数。另外，CO_2 也是一种温室气体，如何将 CO_2 在石油与天然气工业中进行应用也逐渐被越来越多的学者关注。

研究注入 CO_2 对驱油效果的影响，并且与注水、注热水进行比较，生产条件与注水、注热水的相同，采用同样的井网形式。CO_2 驱替压力变化如图 7-15 所示，可以看出，在初期驱替下，CO_2 的压力场变化与注水、注热水下的压力变化不大，只有注入井的压力得到一点升高；驱替中期时，随着 CO_2 的注入量增加，注入井周围的压力不断上升，并且压力波及范围也不断扩大，中间两口生产井的压力明显回升；驱替后期，CO_2 的注入量达到最大值，注入井周围的压力波及范围也扩至最大。与注水、注热水驱替下的压力变化相比，CO_2 驱替具有更加明显的补充能量作用。

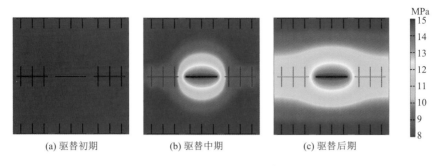

(a) 驱替初期　　　　　　(b) 驱替中期　　　　　　(c) 驱替后期

图 7-15　CO_2 驱替压力变化

2. CO_2 驱替含油饱和度分布

CO_2 驱替含油饱和度变化如图 7-16 所示，可以看出随着驱替的进行，平板模型下的含油饱和度发生了较明显的下降，从驱替初期的 100% 降到驱替后期的 58% 左右。

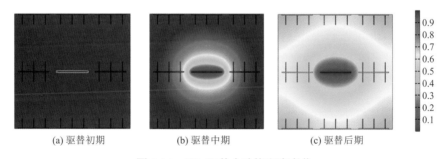

(a) 驱替初期　　　　　　(b) 驱替中期　　　　　　(c) 驱替后期

图 7-16　CO_2 驱替含油饱和度变化

由图 7-15、图 7-16 可见，随着生产井中的 CO_2 不断注入，生产井周围的地层压力上升较明显，说明 CO_2 可有效补充地层能量，提高原油的驱动力。驱替后的含油饱和度相比注水、注热水也有明显的下降，这是因为注入的 CO_2 在模拟地层条件下易溶于原油，能够有效地降低原油黏度，从而降低原油在致密储层下的流动阻力。另外，CO_2 与原油作用，增加原油的膨胀系数，提供动能，并且在开采过程中可以释放较大的能量从而将微小孔隙中的原油采出。

7.2.5　驱替结果对比分析

对注水、注热水、注 CO_2 这三种不同注入介质下的含油饱和度、产油速度以及累产油量进行对比分析，确定最佳的充能介质。

　　对比同一驱替时期下的注水、注热水、注 CO_2 下的驱油效果如图 7-17 所示，可以看出，在驱替后期，三种注入介质下的含油饱和度均得到下降。在驱替后期时，注水驱替方式下的含油饱和度大约下降了 21%，注热水驱替下的含油饱和度下降了 32%，注 CO_2 驱替下的含油饱和度下降了 42%。通过分析不同注入介质的驱替效果，可以明显看出在驱替结束之后，CO_2 驱替方式下的含油饱和度相较于注水驱、注热水驱明显下降，表现出较好的驱替效果。

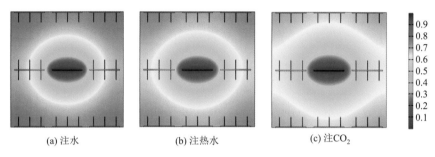

图 7-17　不同注入介质下的含油饱和度结果

　　根据图 7-18 可以看出，三种不同注入介质下的产油速度随着驱替的进行都不断降低，从曲线的下滑趋势来看，注水下的产油速度下降最快，注 CO_2 的产油速度下降最缓慢，注热水的产油速度介于两者之间。

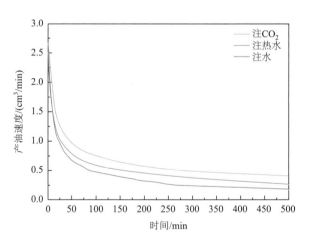

图 7-18　不同注入介质产油速度随时间变化

　　由 7-19 可以看出，累产油随着生产时间的增加呈上升趋势，CO_2 驱替下的累产油明显高于注水与注热水的。这是因为气体较液体更能发挥对原油的驱替、排驱作用。CO_2 注入之后与原油互溶发生物性变化，增加原油的膨胀系数，降低原油黏度，减少渗流阻力，另外，CO_2 与原油作用可以降低界面张力，补充地层能量，从而达到提高驱油效率的目的。

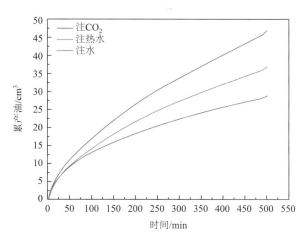

图 7-19　不同注入介质累产油随时间变化

7.3　CO_2 吞吐提高采收率机理

7.3.1　温度对 CO_2 吞吐的影响

以一定的温度将 CO_2 注入地层，注入介质与原始储层温度有温差，导致相对稳定的温度场被打破，地层温度进行重新分布，原油物性也因储层温度的变化而变化。CO_2 通常在较低温度下以液态被注入地下，从地面流至储层的过程会与井筒进行传热，CO_2 的相态也会发生变化，即液态、气态与超临界状态之间的变化。

当 CO_2 从地面注入达到地层时已成为超临界状态，但是对于埋深较浅的储层来说油藏温度可能低于较高的注入温度，导致储层岩石和流体之间发生传热作用，储层温度场发生变化，原油的物性因此改变。进一步影响地层渗流场，流体流动是地层传热的主要方式，因此渗流场改变同样会对温度场产生影响。

CO_2 驱油的主要机理是改变原油溶解度、降低原油黏度及改变原油膨胀系数，这些因素都受到地层压力、温度的影响，不同的注入温度造成原油物性改变，影响注气开采动态。因此在考虑 CO_2 驱油时需要考虑注入温度产生的影响，进而分析 CO_2 在不同注入温度下的驱油效率。其采收率以及累产油随时间变化曲线如图 7-20、图 7-21 所示。

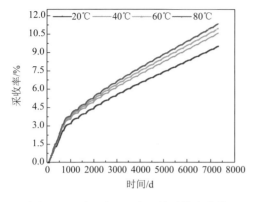

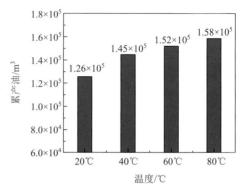

图 7-20　不同注入温度下的采收率变化　　　　　图 7-21　不同注入温度下累产油变化

由图 7-20、图 7-21 可以看出注入温度对于 CO_2 吞吐影响明显，采收率及累产油随着温度的升高而增加。20℃和80℃条件下分别注入 CO_2，吞吐结果差别较大。80℃下的采收率为 11.38%，20℃下的采收率为 9.56%，表明较高温度下注入 CO_2 吞吐效果好于低温条件下的产能。因为温度会影响 CO_2-原油体系的饱和压力，当注入温度较高时，饱和压力大，进而加快了溶解气驱时间，因此产能较高。当注入温度较低为地面条件下的温度时，原油体系饱和压力低，延缓了溶解气驱时间，导致产能下降，并且温度对原油黏度影响较大，温度升高可以降低原油黏度，加快原油流动，并且较高的注入温度有利于原油体积膨胀，为地层提供弹性能量。

在实际生产过程中，通常利用高压泵将 CO_2 压缩之后注入地层，之后通过井筒将 CO_2 输送至目标储层。随着储层深度的增加，CO_2 所承受的环境温度也不断上升，当井筒内的压力低于储层条件下 CO_2 的饱和压力时，其状态由液态变为气态，在相态转变的这个过程中，CO_2 气体会迅速膨胀，释放出大量的能量。CO_2 相态的转变导致了井筒的温度局部下降。因此 CO_2 地面注入温度对于产能影响较大，应根据实际矿场情况合理控制注入温度。

7.3.2　CO_2 对原油的萃取作用

在 CO_2 吞吐过程中，CO_2 扩散进入原油时，原油中的轻质组分也会进入 CO_2 中，对部分轻质组分发生萃取作用，这也是 CO_2 驱提高采收率的机理之一，并且已在一些实验中被证实。针对鄂尔多斯盆地长 7 储层，其油藏温度、压力均已超过了 CO_2 的临界条件，CO_2 的临界温度为 31.2℃，临界压力为 7.38MPa。超临界状态下的 CO_2 具有更好的流动性、较低的黏度及较大的扩散系数。针对吞吐前后原油的组分变化进行分析，研究 CO_2 对原油的萃取作用，结果如图 7-22、图 7-23 所示。

由图 7-22、图 7-23 吞吐前后原油组分变化分析结果可以看出，随着 CO_2 驱生产过程的进行，储层中的原油被不断采出，原油中的组分也不断减少，尤其是原油中的轻质组分含量在吞吐前后变化较为明显，CH_4 在生产前后组分减少了 19%，$C_2\text{-}C_4$ 在生产前后减少了 12.47%，而重质组分在生产前后的变化量较轻质组分来说稍不明显，$C_5\text{-}C_7$ 在生产前后减少了 10.06%，$C_{21}\text{-}C_{30+}$ 在生产前后减少了 9.91%。由数据分析表明，CO_2 对原油各个组分的萃取能力不同，轻质组分前后的摩尔变化说明了 CO_2 对原油中的轻质组分萃取能力较强，而对重质组分的萃取能力相对较弱。由此得出 CO_2 主要针对储层中的轻质组分进行萃取，随着生产的进

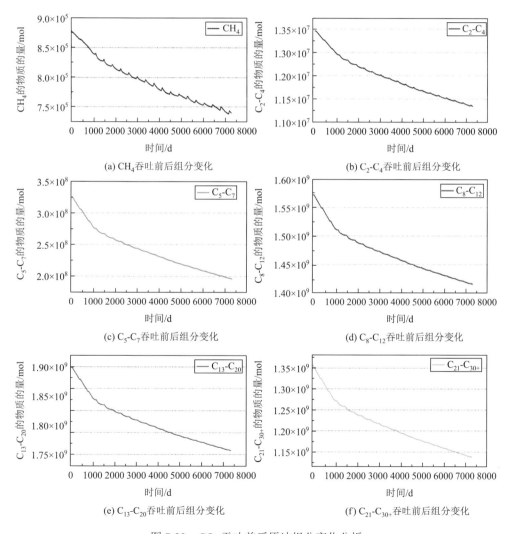

(a) CH_4 吞吐前后组分变化

(b) $C_2\text{-}C_4$ 吞吐前后组分变化

(c) $C_5\text{-}C_7$ 吞吐前后组分变化

(d) $C_8\text{-}C_{12}$ 吞吐前后组分变化

(e) $C_{13}\text{-}C_{20}$ 吞吐前后组分变化

(f) $C_{21}\text{-}C_{30+}$ 吞吐前后组分变化

图 7-22　CO_2 吞吐前后原油组分变化分析

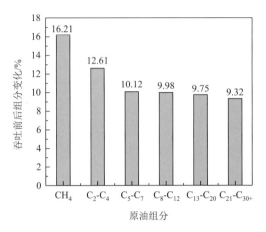

图7-23 原油组分前后变化百分数

行，原油中的轻质组分被不断减少，剩余油中的重质组分相对含量逐渐增加，导致生产后期原油中的重质组分减少相对缓慢。

7.3.3 CO_2 对原油的降黏作用

CO_2 注入原油之后会与原油发生反应，达到降黏、体积膨胀、降低界面张力的作用，最终提高驱油效率。由图7-24可知随着生产的进行，储层原油中的 CO_2

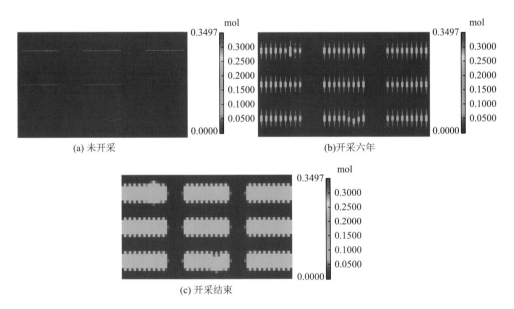

图7-24 CO_2 在原油中的含量

量不断增加，说明注入的 CO_2 具有与原油发生互溶的作用。注入 CO_2 之后，原油黏度明显降低，表明 CO_2 对原油的物性影响较大。

由图 7-25 可以看出，CO_2 注入地层之后，随着生产的进行，原油黏度逐渐降低。这是因为注入的 CO_2 与原油充分反应，主要提取原油中的轻质组分，从而达到降黏、原油膨胀、降低界面张力的作用。在原油开采过程中，由于裂缝中的压力高于基质中的，裂缝中的原油在较高的作用下与 CO_2 反应，因此裂缝中的原油黏度高于基质下的原油黏度。

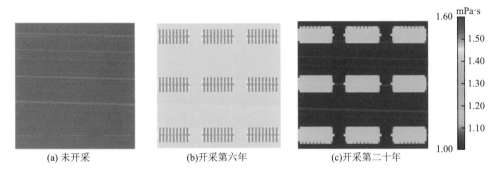

(a) 未开采　　　　　　(b)开采第六年　　　　　　(c)开采第二十年

图 7-25　不同开采年份 CO_2 黏度变化

7.4　CO_2 吞吐影响因素分析

7.4.1　正交实验设计

CO_2 吞吐过程中受到较多的因素影响，但是在模拟优化过程中我们需要了解对生产影响较大的因素，对多个因素进行组合分析，配套形成一套最佳的吞吐方案。正交实验是通过正交性从所有选定的实验参数中挑选出一部分具有代表性的结果进行实验，这通常被用来分析多因素之间的影响。本章采用正交实验分析 CO_2 吞吐过程中的影响因素，采用极差分析方法对实验结果进行分析，根据结果得出哪些因素对产能影响比较显著，根据显著性结果进行分析，从而确定最佳的吞吐参数。

1. 正交实验设计原理

正交实验的设计原理是利用一组排列整齐的正交表对所选取的实验结果进行整体分析的方法。如果考虑的参数被要求进行很多次实验，就可以选取一些具有代表性的数据进行实验。比如说需要进行一个四因素四水平的实验，按照普通的做法则需要 4^4 = 64 组实验，如果采用正交实验，根据按照正交表 L16（4^4）进行实验,则只需要 16 次。很大程度上减少了工作量,将原本复杂、烦琐的实验进行简捷化,提升效率,节省时间。目前正交实验设计已经在很多领域得到了广泛的应用。

(1)正交实验的关键点:①利用实验设计,可以得出在较多因素中影响较显著的因素,并且可以对所考虑的因素进行显著性排序;②通过合理、正确的实验设计,可以得出每个影响因素下最优的参考值,并且结合实验结果选出一套最佳的参数方案。

(2)正交实验设计具体分为以下步骤:①确定实验目的;②选择实验指标;③选定相关影响因素;④确定水平位级;⑤选用合适的正交表;⑥分析因素水平,制定实验方案;⑦进行实验方案;⑧实验结果分析。

极差分析法、直观分析法和方差分析法是正交实验的主要分析方法。极差分析法是根据所考虑的影响参数进行分析,主要通过极差大小判定选定的因素对整个实验的作用效果是否显著,极差越大说明影响越大,反之极差越小说明对整体的影响也就越小,并且还可以根据影响因素与实验指标绘制趋势图,确定最佳组合。相较于极差分析法,直观分析法具有简单、方便的特点,但是存在一定的误差,也不能像极差分析法那样对参数进行显著性排序。

方差分析法主要是对各个参数之间的不同及组内误差对总体变异的贡献大小,确定各个因素在实验总体中的显著性,但是方差分析具有一定的局限性,对于要求较高且有混合因素水平的实验来说需要用到方差分析法。

2. 正交实验设计方案

本次利用正交设计了 8 因素、4 水平的实验,按照普通的方法则需要进行65536 次设计方案,在正交设计的基础上只需要 32 次实验,大大减少了工作量,节省了大量时间。采用了 L32(4^8)正交实验表,对所选定的实验参数及参数值进行整体分析,实验参数如表 7-1 所示,实验具体方案如表 7-2 所示。

表 7-1　正交实验各参数的水平值表

	水平井长	井底流压/MPa	注入速度/(m³/d)	裂缝半长/m	井排距/m	闷井时间/d	注入时机/a	生产时间/d
1	400	3	2000	45	220	7	0	90
2	500	4	2500	75	280	10	1	120
3	600	5	3000	105	340	13	2	150
4	700	6	3500	135	400	16	3	180

表 7-2 正交实验的 32 种方案

方案号	水平井长 /m	井底流压 /MPa	注入速度 /(m³/d)	裂缝半长 /m	井排距 /m	闷井时间 /d	注入时机 /a	生产时间 /d
实验 1	400	3	2000	45	220	7	0	90
实验 2	400	4	2500	75	280	10	1	120
实验 3	400	5	3000	105	340	13	2	150
实验 4	400	6	3500	135	400	16	3	180
实验 5	500	3	2000	75	280	13	2	180
实验 6	500	4	2500	45	220	16	3	150
实验 7	500	5	3000	135	400	7	0	120
实验 8	500	6	3500	105	340	10	1	90
实验 9	600	3	2500	105	400	7	1	150
实验 10	600	4	2000	135	340	10	0	180
实验 11	600	5	3500	45	280	13	3	90
实验 12	600	6	3000	75	220	16	2	120
实验 13	700	3	2500	135	340	13	3	120
实验 14	700	4	2000	105	400	16	2	90
实验 15	700	5	3500	75	220	7	1	180
实验 16	700	6	3000	45	280	10	0	150
实验 17	400	3	3500	45	400	10	2	120
实验 18	400	4	3000	75	340	7	3	90
实验 19	400	5	2500	105	280	16	0	180
实验 20	400	6	2000	135	220	13	1	150
实验 21	500	3	3500	75	340	16	0	150
实验 22	500	4	3000	45	400	13	1	180
实验 23	500	5	2500	135	220	10	2	90
实验 24	500	6	2000	105	280	7	3	120
实验 25	600	3	3000	105	220	10	3	180
实验 26	600	4	3500	135	280	7	2	150
实验 27	600	5	2000	45	340	16	1	120
实验 28	600	6	2500	75	400	13	0	90
实验 29	700	3	3000	135	280	16	0	90
实验 30	700	4	3500	105	220	13	1	120
实验 31	700	5	2000	75	400	10	3	150
实验 32	700	6	2500	45	340	7	2	180

7.4.2　影响因素分析

对正交实验得到不同影响因素的均值和极差进行分析，得到对 CO_2 吞吐效果最显著的影响因素，如表 7-3 所示。

表 7-3　正交实验结果分析

	水平井长/m	井底流压/MPa	注气量/m³	裂缝半长/m	排距/m	闷井时间/d	注入时机/a	生产时间/d
均值 1	0.089	0.091	0.131	0.145	0.083	0.146	0.079	0.140
均值 2	0.079	0.084	0.138	0.142	0.088	0.142	0.082	0.145
均值 3	0.079	0.137	0.084	0.079	0.140	0.076	0.146	0.079
均值 4	0.196	0.131	0.089	0.078	0.133	0.080	0.136	0.079
极差	0.117	0.053	0.054	0.067	0.057	0.070	0.067	0.066

通过正交实验极差结果分析表明，水平井长对产能的影响最显著，同时裂缝半长、闷井时间、注入时间几个因素对于提高产油量也具有较明显的影响。

7.5　低渗透油藏水/直联合井网注水开发井网参数优化

7.5.1　低渗透油藏水/直联合井网注水开发方案正交设计

因为水平井与油藏接触面积大，拥有泄油面积大，单井控制储量高的特点，因此油田多采用"直井注+水平井采"的补充能量方式进行开采,选取长 7 现场多采用的五点法、七点法、九点法"直井注+水平井采"的进行模拟研究。

低渗透油藏联合井网注水开发优化正交实验设计共考虑了 6 个因素，5 个水平值，如表 7-4 所示；以最终采收率为结果，一共做了 25 组实验，设计方案如表 7-5 所示。

表 7-4　正交实验各因素及水平值

	水平段长/m	裂缝条数/条	缝半长/m	裂缝渗透率/D	排距/m	井距/m
1	700	7	80	20	180	450
2	800	8	100	30	200	500
3	900	9	120	40	220	550
4	1000	10	140	50	240	600
5	1100	11	160	60	240	650

表 7-5　正交实验的 25 种方案

序号	水平段长/m	裂缝条数/条	缝半长/m	裂缝渗透率/D	排距/m	井距/m	结果
1	700	7	80	20	180	450	4.65
2	700	8	100	30	200	500	5.18
3	700	9	120	40	220	550	5.28
4	700	10	140	50	240	600	5.52
5	700	11	160	60	260	650	5.98
6	800	7	100	40	240	650	5.22
7	800	8	120	50	260	450	6.08
8	800	9	140	60	180	500	6.36
9	800	10	160	20	200	550	5.29
10	800	11	80	30	220	600	5.32
11	900	7	120	60	200	600	6.35
12	900	8	140	20	220	650	5.26
13	900	9	160	30	240	450	6.34
14	900	10	80	40	260	500	6.29
15	900	11	100	50	180	550	6.65
16	1000	7	140	30	260	550	5.95
17	1000	8	160	40	180	600	6.53
18	1000	9	80	50	200	650	6.47
19	1000	10	100	60	220	450	7.57
20	1000	11	120	20	240	550	6.29
21	1100	7	160	50	220	500	7.28
22	1100	8	80	60	240	550	7.07
23	1100	9	100	20	260	600	6.05
24	1100	10	120	30	180	650	6.81
25	1100	11	140	40	200	450	7.86

　　对正交实验得到不同影响因素的均值进行分析，得到各因素对采收率影响显著性大小如表 7-6 所示。

表 7-6　正交实验结果分析

	水平段长/m	裂缝条数/条	缝半长/m	裂缝渗透率/D	排距/m	井距/m
均值 1	5.322	5.890	5.960	5.508	6.200	6.500
均值 2	5.654	6.024	6.134	5.920	6.230	6.277
均值 3	6.178	6.100	6.162	6.236	6.142	6.088
均值 4	6.562	6.296	6.190	6.400	6.088	5.954
均值 5	7.014	6.420	6.284	6.666	6.070	5.948
极差	1.692	0.530	0.324	1.158	0.160	0.552

通过正交实验极差结果分析表明，水平段长对产能的影响最显著，同时裂缝渗透率、井距、裂缝条数几个因素对于采收率也具有较明显的影响。

7.5.2　低渗透油藏水/直联合井网注水开发井网参数优化

1. 水平段长度优化

水平段长度对低渗透油藏开发影响显著性最大，因此优化水平段长度是联合井网参数优化研究非常关键的问题。低渗透油藏水平井的特殊开发方式与直井相比，有着与油藏更大接触面积、单井产量更高的特点，水平段的长度直接影响单井控制储量，水平段越长，泄油面积越大，因此产量也会越大。但是水平段长度的增加也会使摩阻增加，地层能量下降严重，同时水平段的长度会受到油砂体规模、钻井工艺水平、水平井轨迹稳定性、钻井成本等的限制。因此，水平段长度的设计在考虑高产量的情况下，也要考虑施工风险，应选择一个与经济效益和施工风险相匹配的水平段长度。

从日产油量、采收率和含水率与水平段长度关系曲线图 7-26～图 7-31 可以看出，含水率开始随着水平段增加而缓慢增长，当水平井长度达到 900m 时，三种井网形式下含水率都出现了大幅上升。这是因为随着水平井长度的增加，与注水井距离减小，使得水平生产井的稳产期减短，见水时间提前，含水率大幅上升。水平段长度与稳产期日产油量及最终采收率呈正相关关系，即稳产期日产油量和采收率随着水平井段增长而增加，但是增加的幅度越来越小。这是由于流体受流动阻力影响，水平段长度增加后地层压力损耗也增大，产量增加幅度明显减少。受到井筒摩阻的影响，水平段长度和油藏的采出程度也不会呈线性增长，采出程度会随着长度的增加变得趋于平缓。通过分析图 7-27～图 7-31 可知，储层的采出程度虽然随着水平段长度的增加而增加，但增幅逐渐变缓，在水平段长度达到 900m 时出现了明显的拐点。综合考虑现场施工难度、钻井成本、水平段轨迹稳定性和产量等因素，最终优选 900m 为最佳水平段长度。

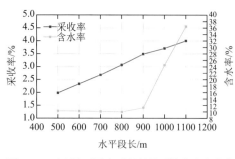

图 7-26　五点法不同水平段长的采收率和含水率

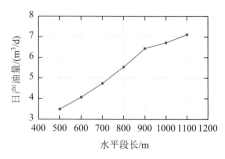

图 7-27　五点法不同水平段长的日产油量

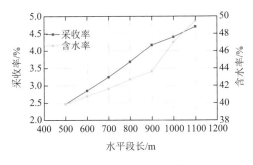

图 7-28　七点法不同水平段长的采收率和含水率

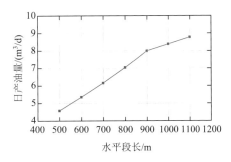

图 7-29　七点法不同水平段长的日产油量

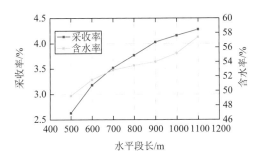

图 7-30　九点法不同水平段长的采收率和含水率

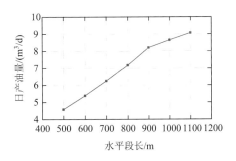

图 7-31　九点法不同水平段长的日产油量

2. 裂缝渗透率优化

长 7 低渗透油藏储层存在着"五低"（低压、低渗、低孔、低丰富度和低含油饱和度）的特点，发育多尺度多类型的孔隙，同时喉道狭窄，流体流动阻力巨大，流动困难。常规开发方式难以实现工业化生产的目的，因此目前低渗透油藏储层改造依旧是以"水平井+体积压裂"为主，来达到"去致密化"，增加储层渗流能力和泄油面积的目的。影响压裂水平井产能的另外一个重要因素是裂缝导流能力。支撑剂种类决定了裂缝宽度，这也导致了裂缝渗透能力的差异，裂缝渗透率增大，水平井产能也随之增大，裂缝渗透率继续增大后产能却会呈现"黏滞"增长。对于不同的基质渗透率，油井供液能力也有所差异，因此需要优化裂缝渗透率使之与地层供液能力相匹配。

在之前确定的 900m 水平段长的情况下，按照 10mD 的间隔，设置了 20mD、30mD、40mD、50mD、60mD、70mD 不同渗透率的裂缝，分析长 7 低渗透油藏采收率、含水率、日产油量与压裂裂缝导流能力之间的关系。

通过图 7-32～图 7-37 的对比分析可知，压裂后的水平井的采收率和稳产期日产油量相较于未压裂的水平井有大幅提升，尤其是七点井网和九点井网更为明显，五点井网、七点井网、九点井网压裂水平井采收率相较于未压裂的分别提升了 2.02、2.55、3.03 个百分点，充分说明压裂水平井对低渗透油开发效果显著。但是随着裂缝渗透率上升到 50mD 时，三种井网的采收率和日产油量增幅减缓，同时含水率却大幅上升，因此长 7 低渗透油压裂水平井的裂缝渗透率优选 50mD。

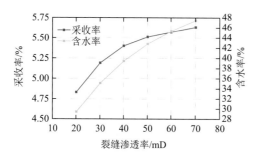

图 7-32　五点井网不同裂缝渗透率的采收率和含水率

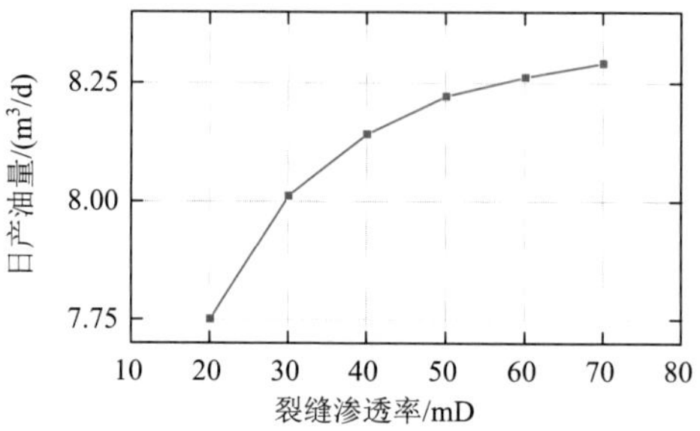

图 7-33　五点井网不同裂缝渗透率的日产油量

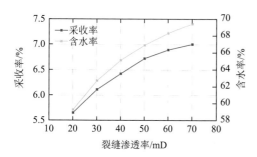

图 7-34　七点井网不同裂缝渗透率的采收率和含水率

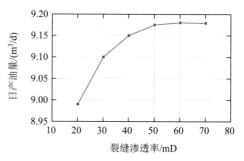

图 7-35　七点井网不同裂缝渗透率的日产油量

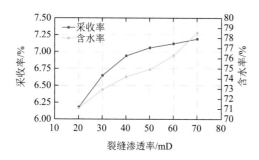

图 7-36　九点井网不同裂缝渗透率的采收率和含水率

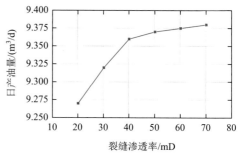

图 7-37　九点井网不同裂缝渗透率的日产油量

3. 井距优化

注水井与水平段的距离对生产井的驱油效率和无水稳产期有着重要意义。井距过大时，无法使得注采井之间的流体充分流动，地层能量无法得到及时补充而快速下降，驱油效率低，导致产量不高；井距过小时，注水井能够及时为地层补充能量，与生产井建立有效的驱替系统，提高了生产井初期产能，但是也会出现见水提前，无水产油期减短，不利于油藏的稳产。

在这取注水井的井间距离为井距，注水井排到水平段垂直距离为排距，见图 7-38。在水平段长 900m，裂缝渗透率为 50mD 的基础上，五点井网井距设计为 900m、1000m、1100m、1200m、1300m；七点井网井距设计为 500m，550m、600m、650m、700m；九点井网井距设计为 300m、320m、340m、360m、380m、400m、420m、440m。

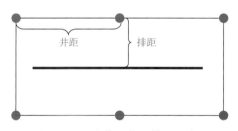

图 7-38　混合井网井距排距示意图

从图 7-39～图 7-44 可知，五点井网和七点井网的采收率和日产油量总的来说都是随着井距增大而减小的；九点井网的采收率在井距 300m 到 380m 无明显变化，当大于 380m 时快速下降，而九点井网的日产油量随着井距增加先增大，在井距为 380m 出现峰值，之后日产油量随着井距增加而减少。这是因为低渗透油藏注水开发过程中，注水井离水平段越远，注水能量损耗越大，不能及时补充注水能量，注水开发效果越差。因此五点、七点、九点三种井网最优井距为 1100m、550m、380m。五点、七点、九点三种井网优化后采收率相较之前分别提升了 0.1%、0.07%、0.13%。

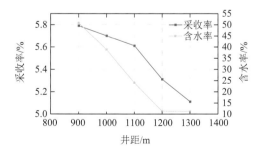

图 7-39　五点井网不同井距的采收率和含水率

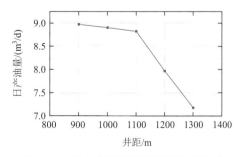

图 7-40　五点井网不同井距的日产油量

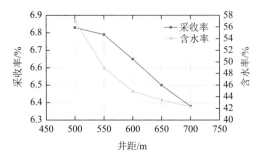

图 7-41　七点井网不同井距的采收率和含水率

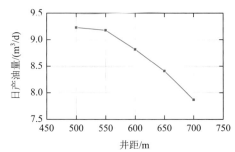

图 7-42　七点井网不同井距的日产油量

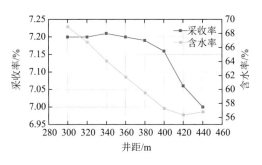

图 7-43　九点井网不同井距的采收率和含水率

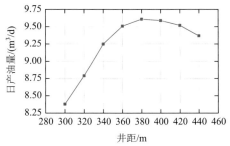

图 7-44　九点井网不同井距的日产油量

4. 裂缝条数优化

人工压裂裂缝是沟通油藏和井筒的重要通道，裂缝数量过少，无法有效驱替裂缝间区域，缝间会残留剩余油；裂缝条数过多，每条裂缝的流线又会相互干扰，压裂增产效果不佳。

在水平段长 900m，裂缝渗透率为 50mD，五点井网井距 1100m，七点井网井距 550m，九点井网井距 380m 的基础上，三种井网形式按 5～11 条裂缝等距分布的 7 种方案，模拟分析了不同裂缝条数对采收率、含水率、日产油量的影响，从而优选出水平井的合理裂缝条数。

由图 7-45～图 7-50 结果分析，在五点井网中，采收率和日产油量总体是随着裂缝条数增加而上升的，在裂缝条数增加到 9 条后采收率和日产油量增加变得缓慢；而七点井网和九点井网中，采收率和日产油量在裂缝条数小于 10 时随着裂缝条数增加而增加，当裂缝条数大于 10 时却出现了下降。因此五点、七点、九点三种井网最优裂缝条数为 9 条、10 条、10 条。采收率较之前优化分别提升了 0.07%、0.06%、0.12%。

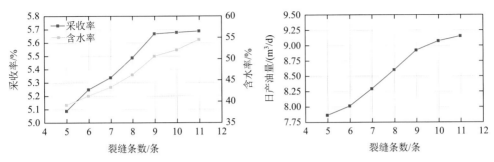

图 7-45 五点井网不同裂缝条数的采收率和含水率

图 7-46 五点井网不同裂缝同时的日产油量

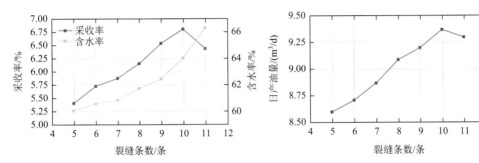

图 7-47 七点井网不同裂缝条数的采收率和含水率

图 7-48 七点井网不同裂缝同时的日产油量

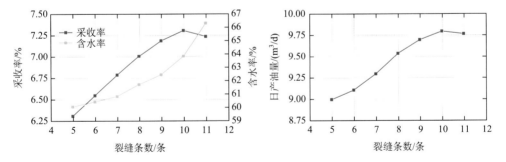

图 7-49 九点井网不同裂缝条数的采收率和含水率

图 7-50 九点井网不同裂缝同时的日产油量

5. 裂缝半长优化

裂缝长度是影响压裂水平井产能的一个重要因素。为了研究裂缝长度对压裂水平井产能的影响，最前面优化的基础上，以 10m 为间隔，设计了不同裂缝半长

（80m、90m、100m、110m、120m、130m、140m 和 150m）建立不同裂缝长度下的模型，分析不同裂缝长度对水平井开发的影响，并进行合理裂缝长度的优选，如图 7-51～图 7-56 所示。

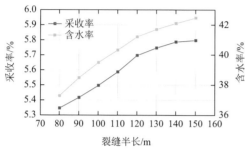

图 7-51　五点井网不同裂缝半长的采收率和含水率

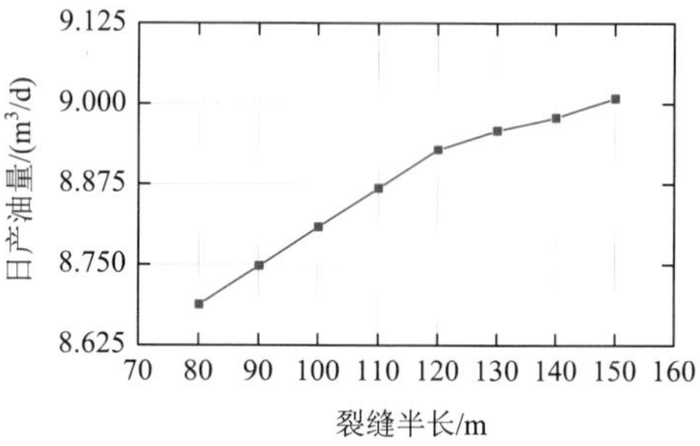

图 7-52　五点井网不同裂缝半长的日产油量

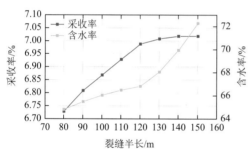

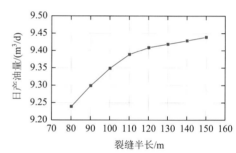

图 7-53　七点井网不同裂缝半长的采收率和含水率

图 7-54　七点井网不同裂缝半长的日产油量

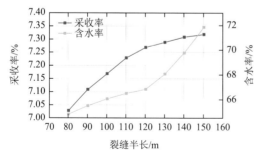

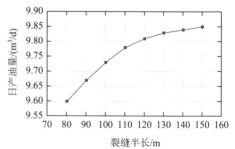

图 7-55　九点井网不同裂缝半长的采收率和含水率

图 7-56　九点井网不同裂缝半长出的日产油量

裂缝半长主要影响油藏的打开程度，三种井网的采收率和日产油量都随着缝半长直接而增加，但是在缝半长 120m 以上，采收率和日产油量受到影响变小，增加缓慢。同时从结果分析图中可以看出，水平井压裂缝长度越大，前中期含水率较低，受缝半长影响较小；但随着时间增加缝半长越长越容易被注水前缘突破。七点井网和九点井网中间增加了注水井，注水井距离水平段距离更近，注水开发更容易导致注水前缘突破，形成优势通道，使得稳产期缩短，见水时间提前，采收率和日产油量下降，含水率快速上升。当裂缝半长大于 120m 时，含水率的增长幅度开始明显变大。

模拟结果表明，对于研究区的油藏，储层渗透率、水平井长度、裂缝导流能力和裂缝条数一定，压裂水平井累产量并不是随着裂缝长度的增加而线性增大，对于默认地质模型，建议最佳的裂缝半长为 120m。三种井网采收率最后分别增加了 0.02%、0.18%、0.16%。

6. 排距优化

注水井的位置对水平井的稳产水平和驱油效率意义重大，合理的注采井距能实现最大的经济效益。五点井网由于没有中间井的影响，设置了 160m、180m、200m、220m、240m、260m、280m、300m 的排距，七点井网和九点井网在"直井注 + 水平井采"井网的基础上，设计模拟了 200m、220m、240m、260m、280m、300m 的排距。

模拟结果如图 7-57～图 7-62 所示，五点井网中随着排距的增加，虽然含水上升期推迟，稳产期增大，但是采收率和日产油量出现了下降的趋势。这是因为，排距越大，注水井离水平段生产井越远，沿程压降损失越大，无法有效驱替注水井与生产井之间的低渗透油，大排距注水较短排距的注水井更难以波及水平段生产井。

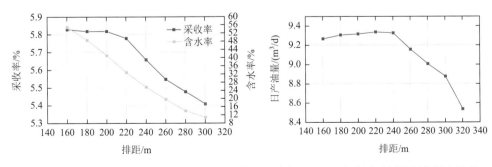

图 7-57 五点井网不同排距的采收率和含水率 　图 7-58 五点井网不同排距的日产油量

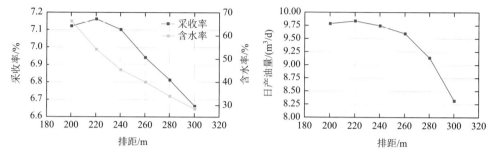

图 7-59　七点井网不同排距的采收率和含水率　　图 7-60　七点井网不同排距的日产油量

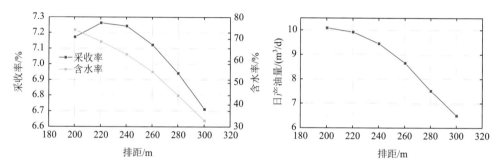

图 7-61　九点井网不同排距的采收率和含水率　　图 7-62　九点井网不同排距的日产油量

而在七点井网和九点井网中随着水平段与注水井距离的增加，水平井的累产油量和日产油量逐步增加；当距离长度超过 220m，累产油量和日产油量逐渐呈现下降趋势。综合考虑，水平井水平段与注水井距离处于 220m，既能有效地延缓水平井因地层能量不足而导致产能快速递减，进而保证较高的累产油量，又能有效控制含水率处于较低的水平。三种井网优化后采收率分别提高了 0.08%、0.17%、0.2%。

7. 裂缝形态优化

水平井的流域特征和波及效率会受到人工压裂裂缝的影响，同一井网形式下的不同裂缝形态也会导致开发效果不同。考虑到五点井网四口注水井离水平段端部压裂裂缝距离更近，注水开发时水平井很容易出现短时间内水驱前缘移动到缝端，缝端一旦见水，压裂水平井便会出现含水率急速上升的现象，使产油速度快速下降。为了保证油藏的稳产，延迟水平井见水时间，延长无水产油期，模拟五点井网的纺锤形裂缝分布形态，讨论均匀分布的裂缝分布形态和纺锤形的裂缝分布形态在含水率、采收率和日产油量的差异。相较于五点井网，七点井网和九点井网腰部多了两口和四口注水井，这也导致了七点井网和九点井网见水风险更高，无水采油期更短，开发中后期产油速度降幅更大，模拟七点井网的间断纺锤形、连续纺锤形、均匀分布和哑铃形分布的裂缝形态，九点井网的间断纺锤形、连续纺锤形、均匀分布的裂缝分布形态在含水率、采收率和日产油量的对比。讨论在采用"直井注+水平井采"混合井网注水补充能量的情况下，不同井网形式跟裂缝分布形态的最佳匹配关系。

1）五点井网裂缝形态

由图 7-63～图 7-66 可知，缩短水平段两端缝长，对采收率和稳产期的日产油量的影响基本不大，对初期含水量影响不大，但是纺锤形裂缝分布可以延缓见水时间，有利于油藏稳产。

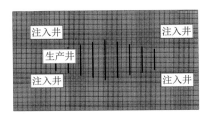

图 7-63　五点井网纺锤形分布

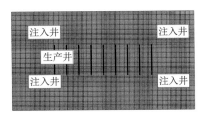

图 7-64　五点井网均匀分布

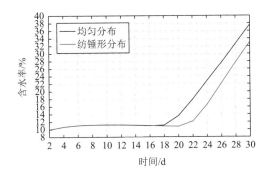

图 7-65　五点井网均匀分布和纺锤形分布
含水率

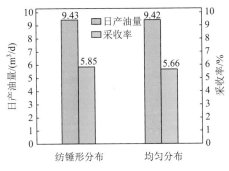

图 7-66　五点井网均匀分布和纺锤形分布日
产油量和采收率

2）七点法井网裂缝形态

如图 7-67～图 7-72 所示为七点井网的四种裂缝形态的含水率、采收率、日产油量。间断纺锤形裂缝形态采收率和产油速率上略优于其他三种裂缝形态，这是由于间断纺锤形中间裂缝距注水井较远，使得该裂缝形态在含水率方面表现明显优于其他三种井网，因此优选间断纺锤形裂缝分布。

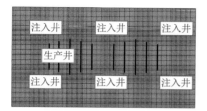

图 7-67　七点井网间断纺锤形分布

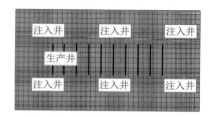

图 7-68　七点井网均匀分布

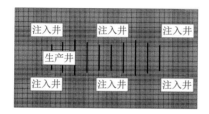

图 7-69　七点井网连续纺锤形分布

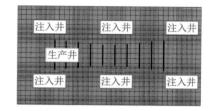

图 7-70　七点井网哑铃形分布

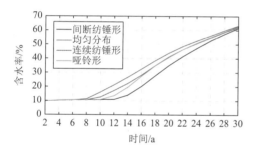

图 7-71　七点井网不同裂缝形态含水率

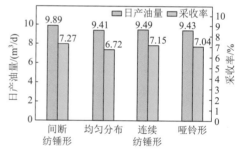

图 7-72　七点井网不同裂缝形态日产油量和采收率

3）九点井网裂缝形态

九点井网的三种裂缝形态，如图 7-73～图 7-75 所示。

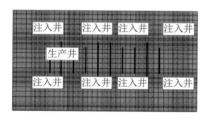

图 7-73　九点井网连续纺锤形

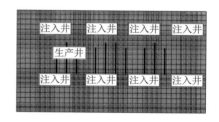

图 7-74　九点井网间断纺锤形

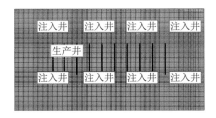

图 7-75　九点井网均匀分布

九点井网的三种裂缝形态的含水率、采收率、日产油量如图 7-76、图 7-77 所示。对比可知反九点井网间断纺锤形控水效果明显好于其他两种裂缝形态。

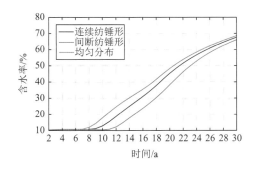

图 7-76　九点井网不同裂缝形态含水率

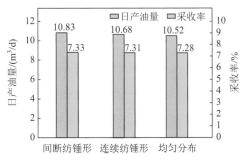

图 7-77　九点井网不同裂缝形态日产油量和采收率

8. 启动压力梯度影响

长 7 低渗透油藏储层吼道狭窄，孔隙连通性差，孔隙吼道大小、几何结构和分布都会影响储层流体的渗流，因此低渗透油藏的渗流环境复杂，渗流阻力巨大。研究发现启动压力梯度与储层渗透率密切相关，当渗透率很小的时候，微观孔隙结构中的流体受到岩石孔道壁与流体界面表面分子力的作用，这种固液之间的界面作用会形成一种附着于岩石内表面的原有边界层，这种原有边界层的厚度跟原油本身性质、渗透率、孔隙度等有关，流体流动时首先需要克服固-液界面上的表面分子力，这个力也称启动压力梯度。研究长 7 的微观孔隙结构及渗流特点分析可知，长 7 的启动压力梯度范围为 0.01～0.5MPa/m。启动压力梯度对油井产能具有较大影响。因此，有必要分析启动压力梯度对低渗透油藏压裂水平井产能的影响。

　　五点纺锤形井网考虑不同启动压力梯度时压力场图分布情况如图 7-78～图 7-82 所示。五点纺锤形井网在不同启动压力梯度下的采收率如图 7-83 所示。

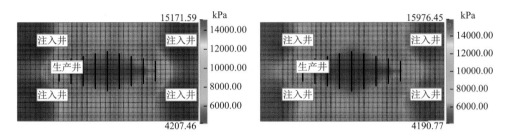

图 7-78　五点法启动压力梯度为 0MPa/m 时压力场分布图　　图 7-79　五点法启动压力梯度为 0.02MPa/m 时压力场分布图

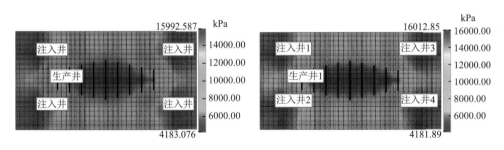

图 7-80　五点法启动压力梯度为 0.04MPa/m 时压力场分布图　　图 7-81　五点法启动压力梯度为 0.06MPa/m 时压力场分布图

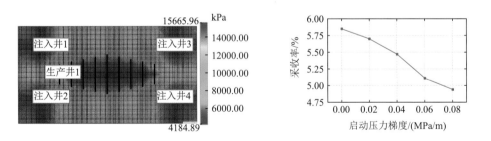

图 7-82　五点法启动压力梯度为 0.08MPa/m 时压力场分布图　　图 7-83　五点法不同启动压力梯度下采收率

　　七点间断纺锤形井网考虑不同启动压力梯度时压力场图分布情况如图 7-84～图 7-88 所示。七点间断纺锤形井网在不同启动压力梯度下的采收率如图 7-89 所示。

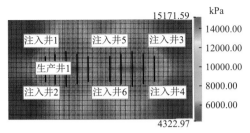

图 7-84　七点法启动压力梯度为 0MPa/m 时压力场分布图

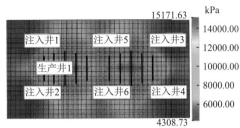

图 7-85　七点法启动压力梯度为 0.02MPa/m 时压力场分布图

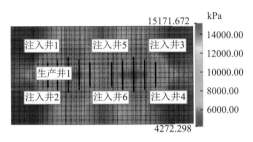

图 7-86　七点法启动压力梯度为 0.04MPa/m 时压力场分布图

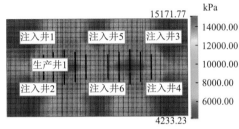

图 7-87　七点法启动压力梯度为 0.06MPa/m 时压力场分布图

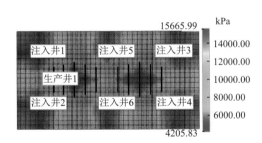

图 7-88　七点法启动压力梯度为 0.08MPa/m 时压力场分布图

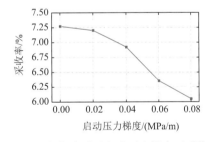

图 7-89　七点法不同启动压力梯度下采收率

　　九点间断纺锤形井网考虑不同启动压力梯度时压力场图分布情况如图 7-90～图 7-94 所示。九点间断纺锤形井网在不同启动压力梯度下的采收率如图 7-95 所示。

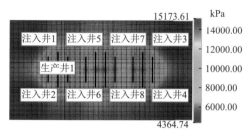

图 7-90　九点法启动压力梯度为 0MPa/m 时压力场分布图

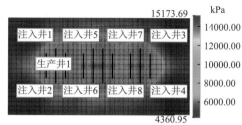

图 7-91　九点法启动压力梯度为 0.02MPa/m 时压力场分布图

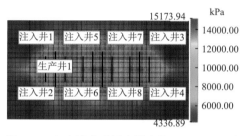

图 7-92　九点法启动压力梯度为 0.04MPa/m 时压力场分布图

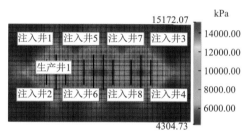

图 7-93　九点法启动压力梯度为 0.06MPa/m 时压力场分布图

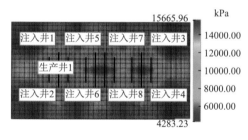

图 7-94　九点法启动压力梯度为 0.08MPa/m 时压力场分布图

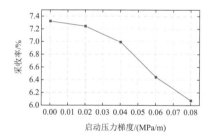

图 7-95　九点法不同启动压力梯度下采收率

由上面三种井网在不同启动压力梯度下采收率可知，启动压力梯度对低渗透油采收率影响非常大，三种井网启动压力梯度从 0MPa/m 到 0.08MPa/m 采收率最大分别下降了 0.91%、1.22%、1.25%。

9. 应力敏感影响

低渗透油藏开发过程中，随着原油不断采出，地层孔隙压力下降，改变了固体岩石颗粒的应力状态，降低了岩石颗粒的载荷，导致了岩石骨架的膨胀变形，挤压了低渗透油藏储层的孔隙结构，使低渗透油藏储层物性，特别是孔隙度和渗透率的减小，这种现象被称为压敏效应。这种效应对常规油藏影响并不显著，但是在低渗透油藏的开发过程中却不能不考虑。CMG 有 6 种方法来模拟孔隙度、渗透率随压力的变化，这些方法是：压力相关的传导率倍数法模型、可变渗透率法模型、地质力学模型、压实反弹模型、膨胀-再压实模型、CT 和 CP 可变的压实-反弹模型。本次模拟选取 CMG 的可变渗透率模型来模拟应力敏感，在该模型下把渗透率作为多孔介质孔隙度的一个函数，压敏系数 Ckpower 越大，渗透率随着孔隙度的变化越大。

$$K(\phi) = K_0 \left(\frac{\phi}{\phi_0} \right)^{\text{Ckpower}} \left(\frac{1-\phi_0}{1-\phi} \right)^2 \tag{7-1}$$

随着开采的进行，地层压力不断变化，孔隙度和渗透率也处于不断变化的过程中。Ckpower 系数一般选取 0～10，该组模型中一共模拟了系数为 0、2、4、6 共四种模型。取长 7 地应力场数据，X、Y、Z 三个方向应力为 16.2MPa、17.7MPa 和 19.58MPa，三轴方向的应力梯度为 0.0191MPa/m。

五点法纺锤形井网考虑不同压敏系数时最大应力场场图分布情况如图 7-96～图 7-99 所示。

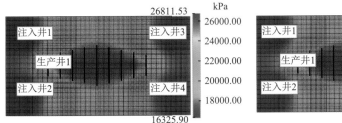

图 7-96　Ckpower 为 0 最大应力场图分布

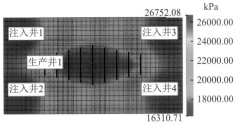

图 7-97　Ckpower 为 2 最大应力场图分布

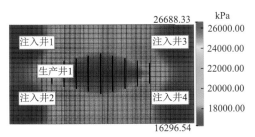

图 7-98　Ckpower 为 4 最大应力场图分布

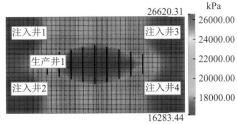

图 7-99　Ckpower 为 6 最大应力场图分布

　　五点纺锤形井网考虑不同应力敏感系数时应变场场图分布情况如图 7-100～图 7-103 所示。

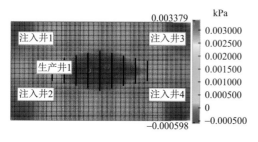

图 7-100　Ckpower 为 0 最大应变场图分布

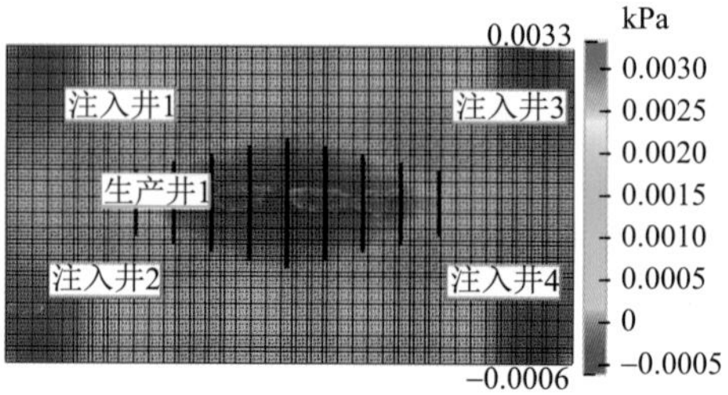

图 7-101　Ckpower 为 2 最大应变场图分布

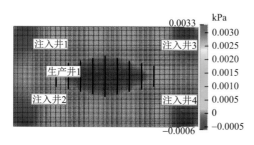

图 7-102　Ckpower 为 4 最大应变场图分布

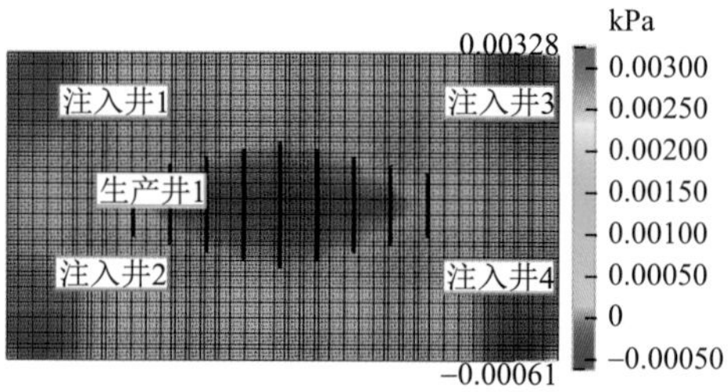

图 7-103　Ckpower 为 6 最大应变场图分布

　　考虑不同压敏系数对五点法纺锤形井网的采收率影响结果如图 7-104 所示。

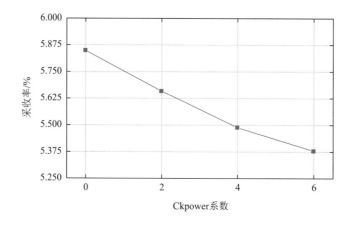

图 7-104　五点法不同压敏系数 Ckpower 的采收率

　　七点法间断纺锤形井网考虑不同压敏系数时最大应力场场图分布情况如图 7-105～图 7-108 所示。

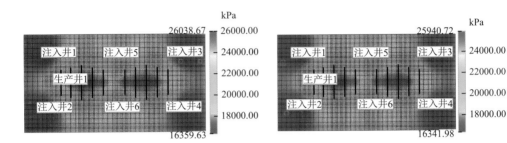

图 7-105　Ckpower 为 0 最大应力场图分布　　　图 7-106　Ckpower 为 2 最大应力场图分布

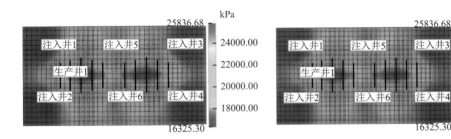

图 7-107　Ckpower 为 4 最大应力场图分布　　　图 7-108　Ckpower 为 6 最大应力场图分布

　　七点法间断纺锤形井网考虑不同压敏系数时应变场场图分布情况如图 7-109～图 7-112 所示。

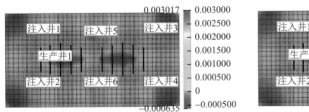
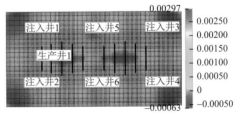

图 7-109　Ckpower 为 0 最大应变场图分布　　　图 7-110　Ckpower 为 2 最大应变场图分布

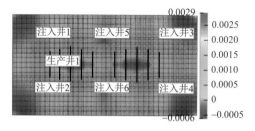

图 7-111 Ckpower 为 4 最大应变场图分布

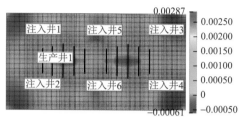

图 7-112 Ckpower 为 6 最大应变场图分布

考虑不同压敏系数对七点法间断纺锤形井网的采收率影响结果如图 7-113 所示。

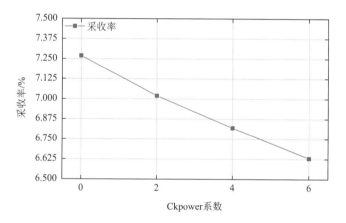

图 7-113 七点法不同压敏系数 Ckpower 的采收率

九点法间断纺锤形井网考虑不同压敏系数时最大应力场场图分布情况如图 7-114～图 7-117 所示。

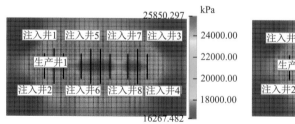

图 7-114 Ckpower 为 0 最大应力场图分布

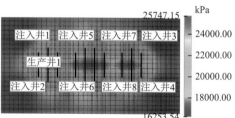

图 7-115 Ckpower 为 2 最大应力场图分布

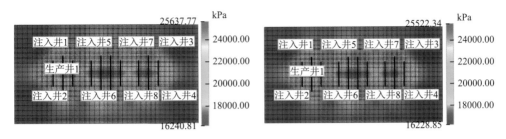

图 7-116　Ckpower 为 4 最大应力场图分布　　　图 7-117　Ckpower 为 6 最大应力场图分布

　　九点法井网考虑不同压敏系数时应变场场图分布情况如图 7-118～图 7-121 所示。

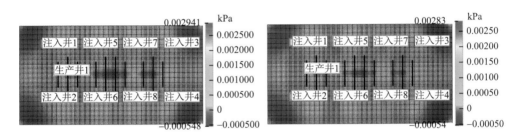

图 7-118　Ckpower 为 0 最大应变场图分布　　　图 7-119 Ckpower 为 4 最大应变场图分布

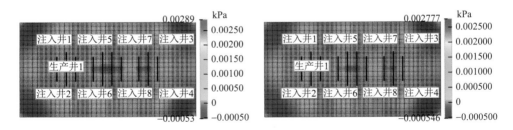

图 7-120　Ckpower 为 2 最大应变场图分布　　　图 7-121　Ckpower 为 6 最大应变场图分布

　　考虑不同压敏系数对九点法间断纺锤形井网的采收率影响结果如图 7-122 所示。

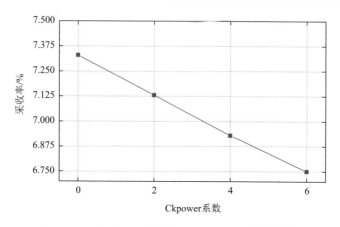

图 7-122　九点法不同压敏系数 Ckpower 的采收率

　　由上面模拟结果图分析可知，在常规油藏中，随着油藏开发的进行，地层压力下降，岩石颗粒膨胀变大挤压岩石孔隙，虽然会"挤"出一部分原油，但是油藏采收率更多因为孔隙变小、喉道变窄使得渗透率下降而变小。三种井网中考虑应力敏感后采收率最大分别下降了 0.47%、0.64%、0.58%。

参 考 文 献

[1] Dutta R，Lee C H H，Odumabo S，et al. Experimental investigation of fracturing-fluid migration caused by spontaneous imbibition in fractured low-permeability sands[J]. SPE Reservoir Evaluation & Engineering，2014，17（1）：74-81.

[2] Wang M Y，Leung J Y. Numerical investigation of fluid-loss mechanisms during hydraulic fracturing flow-back operations in tight reservoirs[J]. Journal of Petroleum Science and Engineering，2015，133：85-102.

[3] 张红妮，陈井亭. 低渗透油田蓄能整体压裂技术研究：以吉林油田外围井区为例[J]. 非常规油气，2015，2（5）：55-60.

[4] Ghanbari E，Dehghanpour H. The fate of fracturing water：A field and simulation study[J]. Fuel，2016，163：282-294.

[5] 尚世龙. 致密油蓄能压裂压后关井及放喷制度研究[D]. 北京：中国石油大学（北京），2017.

[6] 苏幽雅，王碧涛，徐宁，等. 定边 A 区长 X 致密储层蓄能压裂开发技术探讨[J]. 石油化工应用，2020，39（3）：62-65，124.

[7] 段美恒. 老井蓄能压裂优化在超低渗油藏中的应用[J]. 石油知识，2021（6）：60-61.

[8] 易勇刚，黄科翔，李杰，等. 前置蓄能压裂中的 CO_2 在玛湖凹陷砾岩油藏中的作用[J]. 新疆石油地质，2022，43（1）：42-47.

[9] 樊兆颖. 某油田致密油储层水平井蓄能体积压裂现场试验[J]. 化学工程与装备，2022（1）：122-123，126.

[10] Laribi S，Bertin H，Quintard M. Two-phase calculations and comparative flow experiments through heterogeneous orthogonal stratified systems[J]. Journal of Petroleum Science and Engineering，1995，12（3）：183-199.

[11] 王瑞飞，孙卫，杨华. 特低渗透砂岩油藏水驱微观机理[J]. 兰州大学学报（自然科学版），2010，46（6）：29-33.

[12] 高辉，孙卫，路勇，等. 特低渗透砂岩储层油水微观渗流通道与驱替特征实验研究：以鄂尔多斯盆地延长组为例[J]. 油气地质与采收率，2011，18（1）：58-62，115.

[13] 李滔，肖文联，李闽，等. 砂岩储层微观水驱油实验与数值模拟研究[J]. 特种油气藏，2017，24（2）：155-159.

[14] Kim C，Lee J. Experimental study on the variation of relative permeability due to clay minerals in low salinity water-flooding[J]. Journal of Petroleum Science and Engineering，2017，151：292-304.

[15] 王伟，赵永攀，江绍静，等. 鄂尔多斯盆地特低渗油藏 CO_2 非混相驱实验研究[J]. 西安石油大学学报（自然科学版），2017，32（6）：87-92.

[16] Alhuraishawy A K，Bai B，Wei M，et al. Mineral dissolution and fine migration effect on oil

recovery factor by low-salinity water flooding in low-permeability sandstone reservoir[J]. Fuel，2018，220：898-907.

[17] 杨富祥，何振楠，蔡明钰. 低渗透储层岩心室内水驱油实验研究[J]. 当代化工，2018，47（4）：768-770，775.

[18] 陈涛平，毕佳琪，赵斌，等. 低渗和特低渗油层 CO_2-N_2 复合驱研究[J]. 科学技术与工程，2020，20（27）：11067-11073.

[19] Li Y Z，Jiang G C，Li X Q，et al. Quantitative investigation of water sensitivity and water locking damages on a low-permeability reservoir using the core flooding experiment and NMR test[J]. ACS Omega，2022，7（5）：4444-4456.

[20] Kozhevnikov E V，Turbakov M S，Gladkikh E A，et al. Colloid migration as a reason for porous sandstone permeability degradation during coreflooding[J]. Energies，2022，15（8）：2845.

[21] 鲁明晶，徐豪爽，杨峰，等. 低渗油藏储层物性及敏感性对高速注水效果的影响[J]. 科学技术与工程，2023，23（31）：13340-13349.

[22] 吴聪，鞠斌山，陈常红，等. 基于微观驱替实验的剩余油表征方法研究[J]. 中国科技论文，2015，10（23）：2707-2710，2715.

[23] 秦梓钧，刘保君，张雪 等. COMSOL Multiphysics 有限元软件数值模拟气液两相流的可行性研究[J]. 当代化工，2016，45（5）：916-919.

[24] 高亚军，姜汉桥，王硕亮 等. 基于 Level Set 有限元方法的微观水驱油数值模拟[J]. 石油地质与工程，2016，30（5）：91-96，141-142.

[25] 赵习森，党海龙，庞振宇，等. 特低渗储层不同孔隙组合类型的微观孔隙结构及渗流特征：以甘谷驿油田唐 157 井区长 6 储层为例[J]. 岩性油气藏，2017，29（6）：8-14.

[26] Ren D Z，Sun W，Huang H，et al. Determination of microscopic waterflooding characteristics and influence factors in ultra-low permeability sandstone reservoir[J]. Journal of Central South University，2017，24（9）：2134-2144.

[27] Fang Y J，Yang E L，Cui X N. Study on distribution characteristics and displacement mechanism of microscopic residual oil in heterogeneous low permeability reservoirs[J]. Geofluids，2019：1-12.

[28] Wu Y Q，Tahmasebi P，Lin C Y，et al. A comprehensive study on geometric，topological and fractal characterizations of pore systems in low-permeability reservoirs based on SEM，MICP，NMR，and X-ray CT experiments[J]. Marine and Petroleum Geology，2019，103：12-28.

[29] Ren Q，Wei H，Lei G F，et al. Effect of microscopic pore throat structure on displacement characteristics of lacustrine low permeability sandstone：A case study of Chang 6 reservoir in Wuqi Oilfield，Ordos Basin[J]. Geofluids，2022：7438074.

[30] Wang K，You Q，Long Q M，et al. Experimental study of the mechanism of nanofluid in enhancing the oil recovery in low permeability reservoirs using microfluidics[J]. Petroleum Science，2023，20（1）：382-395.

[31] 刘薇薇，陈少勇，曹伟，等. 不同驱替阶段微观剩余油赋存特征及影响因素[J]. 特种油气藏，2023，30（3）：115-122.

[32] 赵乐坤，刘同敬，张营华 等. CO_2 驱气体赋存特征微观可视化实验[J]. 石油钻采工艺，2023，45（3）：358-367.

[33] Wei J G，Zhang D，Zhang X，et al. Experimental study on water flooding mechanism in low permeability oil reservoirs based on nuclear magnetic resonance technology[J]. Energy，2023，278：127960.

[34] Gulick K，McCain William D. Waterflooding heterogeneous reservoirs：An overview of industry experiences and practices proceedings of international petroleum conference and exhibition of Mexico[J]. Society of Petroleum Engineers，1998：SPE-40044-MS.

[35] Dunn M D，Chukwu G A. Simulation based dimensionless type curves for predicting waterflood recovery[C]//SPE Western Regional Meeting. SPE，2001：SPE-68839-MS.

[36] Bhardwaj P，Hwang J，Manchanda R，et al. Injection induced fracture propagation and stress reorientation in waterflooded reservoirs[C]//SPE Annual Technical Conference and Exhibition. SPE，2016.

[37] Lyu W Y，Zeng L B，Chen M Z，et al. An approach for determining the water injection pressure of low-permeability reservoirs[J]. Energy Exploration & Exploitation，2018，36（5）：1210-1228.

[38] 崔传智，陈鸿林，郭迎春，等. 特低渗砂砾岩油藏多段压裂水平井合理注水开发方式[J]. 现代地质，2018，32（1）：198-204.

[39] 王香增，党海龙，高涛. 延长油田特低渗油藏适度温和注水方法与应用[J]. 石油勘探与开发，2018，45（6）：1026-1034.

[40] 樊建明，王冲，屈雪峰，等. 鄂尔多斯盆地致密油水平井注水吞吐开发实践：以延长组长7油层组为例[J]. 石油学报，2019，40（6）：706-715.

[41] 康胜松，肖前华，高峰，等. 特低渗油藏非稳态周期注水机理及应用[J]. 石油钻采工艺，2019，41（6）：768-772，816.

[42] 赵向原，吕文雅，王策，等. 低渗透砂岩油藏注水诱导裂缝发育的主控因素：以鄂尔多斯盆地安塞油田W区长6油藏为例[J]. 石油与天然气地质，2020，41（3）：586-595.

[43] Wang C S，Sun Z X，Sun Q J，et al. Comprehensive evaluation of waterflooding front in low-permeability reservoir[J]. Energy Science & Engineering，2021，9（9）：1394-1408.

[44] Zhan J，Fan C，Ma X L，et al. High-precision numerical simulation on the cyclic high-pressure water slug injection in a low-permeability reservoir[J]. Geofluids，2021：1-10.

[45] Meng X G，Zhang Q K，Dai X X，et al. Experimental and simulation investigations of cyclic water injection in low-permeability reservoir[J]. Arabian Journal of Geosciences，2021，14（9）：1-11.

[46] Yin D Y，Zhou W. Mechanism of enhanced oil recovery for in-depth profile control and cyclic waterflooding in fractured low-permeability reservoirs[J]. Geofluids，2021：1-9.

[47] 汪洋，程时清，秦佳正，等. 超低渗透油藏注水诱导动态裂缝开发理论及实践[J]. 中国科学（技术科学），2022，52（4）：613-626.

[48] 邸士莹，程时清，白文鹏，等. 裂缝性致密油藏注水吞吐转不稳定水驱开发模拟[J]. 石油钻探技术，2022，50（1）：89-96.

[49] Wang B，Zhao Y J，Tian Y J，et al. Numerical simulation study of pressure-driven water injection and optimization development schemes for low-permeability reservoirs in the g block of daqing oilfield[J]. Processes，2023，12（1）：1.

[50] 屈雪峰，王选茹，雷启鸿，等. 低渗透油藏压裂水平井井网形式研究[J]. 科学技术与工程，

2013, 13 (35): 10628-10632.

[51] 赵继勇, 何永宏, 樊建明, 等. 超低渗透致密油藏水平井井网优化技术研究[J]. 西南石油大学学报 (自然科学版), 2014, 36 (2): 91-98.

[52] 杨树坤, 张博, 常振, 等. 基于流线方法的压裂水平井注水开发渗流机理研究[J]. 海洋石油, 2016, 36 (4): 40-44.

[53] 陶珍, 田昌炳, 熊春明, 等. 超低渗透油藏压裂水平井注采缝网形式研究[J]. 西南石油大学学报 (自然科学版), 2016, 38 (4): 101-109.

[54] 田鸿照. 水平井注采井网和注采参数优化研究[J]. 石油化工应用, 2016, 35 (8): 6-9.

[55] 王海涛, 伦增珉, 吕成远, 等. 春风油田排601块水平井蒸汽驱井网类型优化物理模拟实验[J]. 石油钻采工艺, 2017, 39 (2): 138-145.

[56] 贾自力, 石彬, 罗麟, 等. 延长油田超低渗油藏水平井开发参数优化及实践: 以吴仓堡油田长9油藏为例[J]. 非常规油气, 2017, 4 (1): 67-74.

[57] 樊建明, 屈雪峰, 王冲, 等. 超低渗透油藏水平井注采井网设计优化研究[J]. 西南石油大学学报 (自然科学版), 2018, 40 (2): 115-128.

[58] 郭卓梁. 超低渗油藏水平井水驱开发主控因素及参数优化[D]. 北京: 中国石油大学 (北京), 2020.

[59] 豆梦圆. 致密油藏开发井网设计与参数优化[D]. 西安: 西安石油大学, 2021.

[60] 陈志明, 赵鹏飞, 曹耐, 等. 页岩油藏压裂水平井压-闷-采参数优化研究[J]. 石油钻探技术, 2022, 50 (2): 30-37.

[61] 王超, 石彬, 林彧涵, 等. 鄂尔多斯盆地南部致密油藏分段压裂参数优化[C]//2022油气田勘探与开发国际会议论文集Ⅲ, 2022: 706-712.